超级记忆术

陈 玢 / 主编

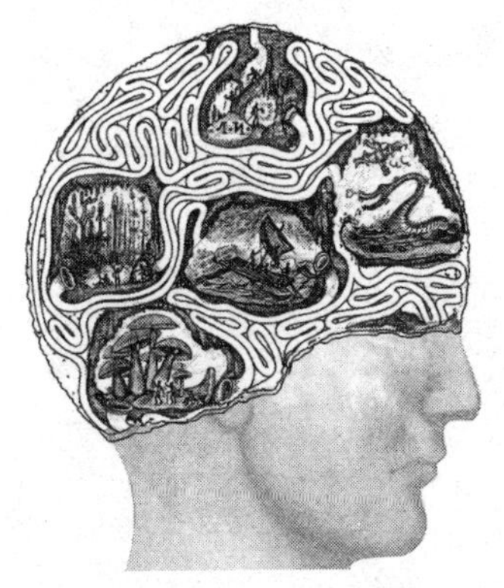

北京联合出版公司
Beijing United Publishing Co.,Ltd.

前言

PREFACE

为什么我们那么在乎自己的记忆？仅仅是为了找到丢了的钥匙或者想起有用的数字吗？答案是否定的。记忆包括我们的身份、个性与智力，以及所有我们想要保存的经历的总和。事实上，我们一直不断地将记忆运用于日常生活中，尽管我们常常没有意识到这一点。

为什么学习那么用功却总也记不住？为什么电话号码、重要日子记了又忘？为什么看到一张十分熟悉的面孔却想不起名字？为什么连重要的谈判会议都能忘词？为什么打个岔就忘了自己要干什么了？为什么经常在家翻箱倒柜地找东西？你是否对自己的记忆力抱怨不已？你的记忆潜能还有多少没有被挖掘出来？你是否想拥有超级记忆力，成为读书高手、考试强将、职场达人？

研究表明，人脑潜在的记忆能力是惊人的和超乎想象的，只要掌握了科学的记忆规律和方法，每个人的记忆力都可以提高。记忆力得到提高，我们的学习能力、工作能力、生活能力也将随之提高，甚至可以改变我们的个人命运。

众所周知，随着年龄的增长，我们的记忆力会减退，然而这并不是无法避免的灾难。在明白了我们的记忆是如何工作的之后，我们可以使它的效能得以提升，从而提高学习能力、工作能力和生活能力。

为了帮助读者开发大脑潜能、改善记忆力状况、快速获得提高记忆力的方法，本书在综合了记忆领域研究成果的基础上，解释了记忆的复杂机制，系统地阐述了记忆力的形成、保持、再现，以及遗忘等记忆活动的规律特点，深入探讨了影响记忆力的因素，并介绍了包括联系法、机械学习、路线记忆、记忆地图、感官记忆法、图像记忆法等多种有利于提高学习成绩的记忆方法。书中还针对不同学科的特点，提出了专项记忆法，所举实例涉及语文、政治、数学、英语、历史、地理、化学等多种学科，对于改变机械的记忆方式、增强记忆效果、提高学习成绩具有指导意义。同时，编者还选录了一些提升记忆力的思维游戏，以帮助读者找到适合自己的记忆方法。

丰富的内容、精彩的游戏、科学有效的方法，结合大量的实用技巧，不仅可以帮助学生提高学习效率，而且对于上班族、需要创造力及想象力的专业人士，以及随着年龄的增长而有必要重新给大脑充电的人，都有很大帮助。只要认真按照本书中的方法去做，就一定能开启你的记忆潜能，从而成为记忆超人，实现自己的理想。

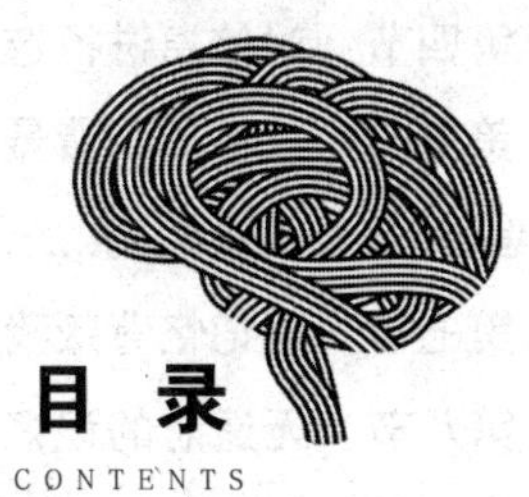

目录

CONTENTS

第一章　探索记忆的奥秘

第二章　记忆的程序与类型

第三章　记忆与生活保健

第四章　评估你的记忆能力

第五章　记忆基础训练，让记忆更高效

第六章　对症下药，各科记忆有良方

第一章

探索记忆的奥秘

第一节

关于记忆

如何定义记忆

记忆不是以简单的程序存在的，关于记忆最常见的说法是学习和记住信息的能力。然而，随着年龄的增长，人们发现先前的知识不断被遗忘，并开始抱怨自己的记忆。事实上，生物学的实际情况比这个相当模糊的“记忆”术语复杂得多。

面对一条新信息，通常先是一个极其短暂的感官记忆，接着是一个 20 多秒钟的短期记忆，然后是通过各种途径构筑成长期记忆。

记忆这一术语也同样应用于对三个动态过程的参照：学习新信息，将其储存在大脑的特殊空间里，然后在需要的时候将其找出来。

对大多数人来说，记忆基本上被用于自主学习的场合，而在日常生活实践中我们常处于不自觉记忆的情况下，即科学家们所说的“无意识记忆”。这种应用于日常的记忆，使我们无须专门学习就能记住邻居所穿裙子的颜色。这种能力是我们自然智力功能的基本要素之一。

什么是“好的”和“差的”记忆

比较“好的”和“差的”记忆涉及记忆程序的运行效率问题，我们认真地学习并很好地储存所学的信息，是否就能够很容易地回想起来？我们会发现有许多不同的描述，并且每个人对记忆的抱怨

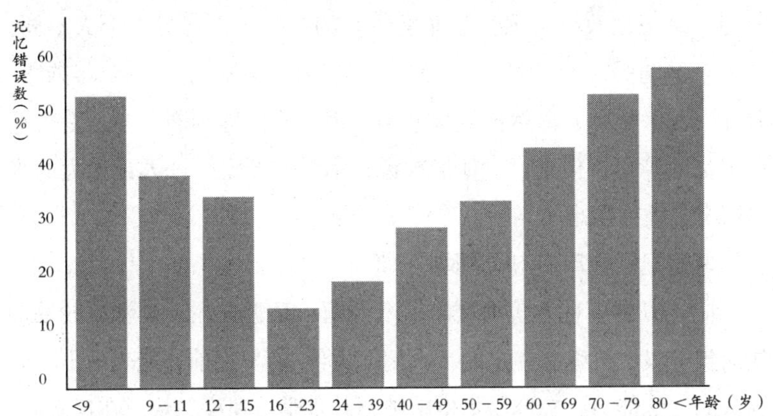

年龄（横向）与记忆（纵向）关系图表

也不相同。

另一方面，一些事物有助于发展某些人的记忆力，对另一些人则不然。所以，我们不能真正地比较“好的”或者“差的”记忆。

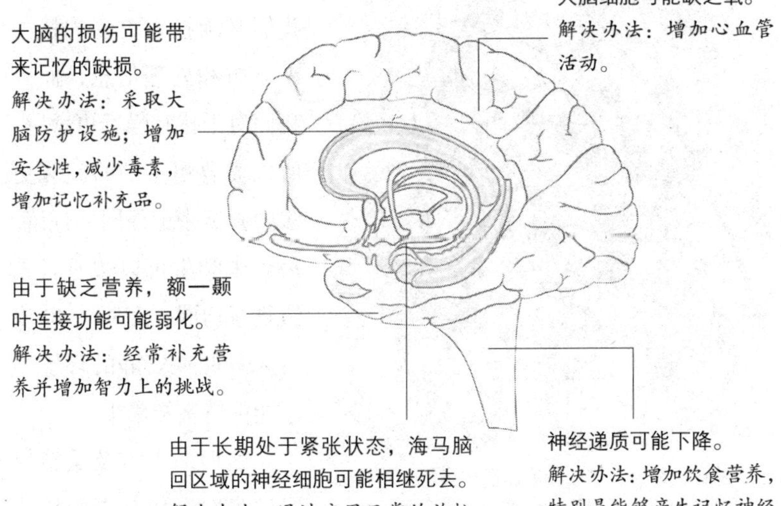

随着年龄增长，记忆力会发生一些变化，在这里提供了一些解决办法。

因为，对记忆效率的感觉是非常主观的：一个人与另一个人不同，一个领域与另一个领域不同，一个年龄段也不同于另一个年龄段。另外，在医学上，虽然神经学家和心理学家能够判断一个人是否存在记忆的障碍，但是，对他们来说，衡量和断定一个人记忆力的真实情况是极为困难的。

好的记忆是年龄的问题吗

应该以另一种方式来提出这个问题：是否存在一个学习效果最佳的年龄段？答案是肯定的。人们在大约 30 岁之前，能表现出不同寻常的记忆能力，较容易集中精神，并且学习速度较快。在这之后，人们学习变得有些困难。但是，这并没有什么可怕的！只不过为了达到同样的效果，人们需要用更多的时间。在 15 岁时我们只需要学习三次就能记住一首诗，而 50 岁时我们必须投入更多的精力来分析和处理信息，而且我们对干扰和噪音更敏感，所以需要更多的时间和更多的尝试来记住同一首诗。一个中学生可以边听音乐边复习功课，而一个 40 岁的人只能在安静的环境中才能保持精神集中。

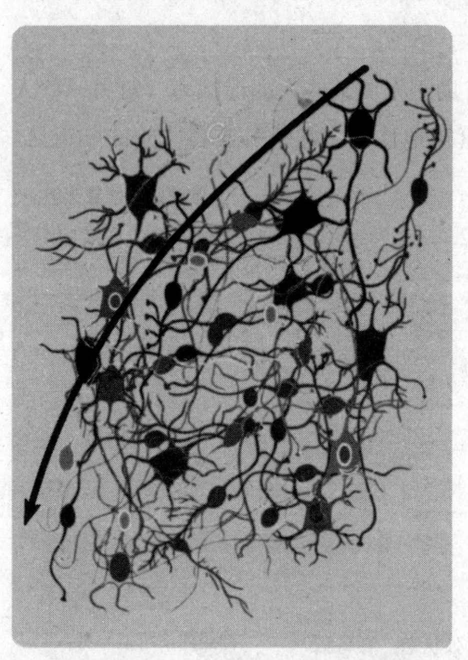

细胞的记忆路径：这张图展示了一张复杂的神经网。记忆一些事情需要神经细胞的特定网络的活动。深色的神经细胞是活动的，其他的是静止的，除非被刺激。记忆的发生需要随机刺激的发生，或者需要利用记忆术或记忆策略。

然而，当涉及重新提取信息时，年龄大则构成一个优势，因为一个人的年龄越大，所储存的信息相对就越多。让我们来举一个例子：如果你是一位年轻记者，正在跟进一个选题，关于这项任务你一定比你的主编知道得更多。但是他可能会告诉你，关于类似的内容，在60年前的某份报纸上曾发表过一篇非常有意思的文章。这是记忆中经验的参与，是随着时间的推移所积累的知识的反映。如果你让我学习一篇医学文章，我将比较容易记住，因为我已经拥有了这个领域的很多知识，这将帮助我记住新的知识。相反，如果是一篇法律文章，我就只能死记硬背，而这对我来说比较困难。

最好在年轻时学习一门外语吗

最好早点开始学习外语，因为它涉及精确的知识，而通常一种语言词汇的构筑、语调的学习都是在幼年自觉发生的。5岁之前，一个孩子能够自觉学习不同语言的全部语音；而年龄稍大一些，则会选择那些自己常听到的词进行学习。因此，一个年纪非常小的孩子可以借助一些短小的歌曲来掌握不同的外语语调。

对成人来说，这项任务更多地要求“用心”强记，因此将更难以实现。但是不要忘记，总是存在个体的例外。我的前任老板在退休后学习了西班牙语和意大利语，并且达到了相当优秀的水平。而这对其他人来说，则被证明是比较困难的。

记忆力的好坏是基因决定的吗

即使教育可能扮演着一个重要的角色，我们也发现，一些人虽然没有在著名的院校进行过长时间的学习，却有着非常出色的记忆力；相反，有一些人虽然经常出入重点院校，却并没有良好的记忆力。因此，学习能力的不同，不仅仅归因于教育的影响。

然而，还没有任何一个研究人员发现超常记忆的主控基因！虽然在某些动物身上发现遗忘基因和记忆基因，但是直到现在，这些通常是从一些非常特殊的实验中总结出来的假设，很难用以推断人类记忆的自然功能。总之，记忆肯定表现为天生所有和后天获得、

记忆和智力

智力并不完全是遗传的，其遗传因素仅占很小的一部分。聪明到底意味着什么？IQ 智力商数测试在评估智力方面很有效，但是我们也不能太过相信这种测试的分数。更重要的是，在个人能力和所处环境之间找到平衡。拥有良好的记忆力、平衡的心态，具有敏锐的判断力、良好的知识储备，这些重要的素质并不能通过 IQ 测试来评估。

基因和教育的混合物。

男性和女性以相同的方式记忆吗

回答这个问题并不容易，虽然绝大部分性别特征与教育有关，然而通过采用激素分泌的间接方法证明，基因也是一个需要考虑的因素。某些激素分泌的多少是性别特征形成的主导因素，并且对许多智力功能，特别是记忆的运作具有影响。这种干预如果出现在儿童发育时期，将决定男孩和女孩的不同能力；如果出现在成人时期，将导致不同的行为效率，例如女性月经期间行为效率多少会有所下降。

通常女性在应用语言的活动中更有成就，而男性在需要求助于视觉—空间记忆时则表现得更有效率。例如，为了记住一条路线，女性趋向于记忆口语标志——“到了药店，向右拐”，而男性更注意空间方位的变化。

个人文化扮演着什么角色

基本上是记忆构筑了我们的个人文化，因为文化是我们通过学习获得的知识，它既包括亨利四世于 1610 年 5 月 14 日在巴黎被杀，都柏林是爱尔兰的首都等这样的常识，也包括你小学四年级历史老师的姓名，或者你最喜爱的电影导演的名字。的确，新信息越是能和先前的知识建立联系，就越容易被掌握。记忆帮助我们构建了知识储存库，使我们更容易记住在同一领域里的新信息。

因此，一个律师或一个演员通常要比一个花匠更“擅长”学习一篇文章。律师将立即发现一篇文章分成四个部分，其中第二部分使他想起以前在别处读到过的论点。相比之下，一个花匠或一个猎人可能更容易记住一条路线。简而言之，越是从事一项专门的、职业的活动，就越能开发在这一领域的记忆能力。

良好的记忆是智力使然吗

记忆当然与智力有关。同样不可否定的是，它参与智力的运行功能。但是我们从科尔萨科夫综合征患者身上发现，他们虽然遗忘了许多东西，智力却保存完好。1888 年，俄罗斯医生科尔萨科夫曾经记录，他的一个遗忘症患者在赢得一盘象棋两分钟后，就忘记了自己获胜的事实。

心理学家用“认知”或者“认知过程”代替“智力”这个术语。如果把智力定义为解决问题或者适应新情况的能力，那么在缺乏记忆参与的情况下，它将是极为残缺的。事实上，智力因生活经验丰

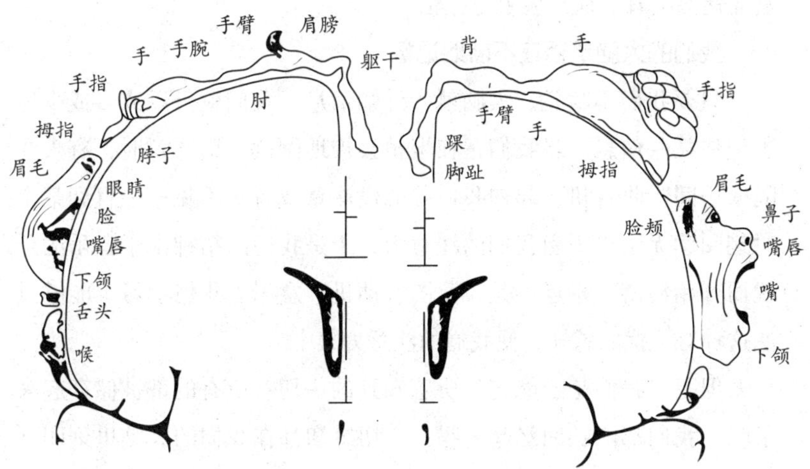

大脑的特定部位与身体的触觉相关联，身体各部位会随着它们传递给大脑的与触觉相关的信息数量的变化而变化。

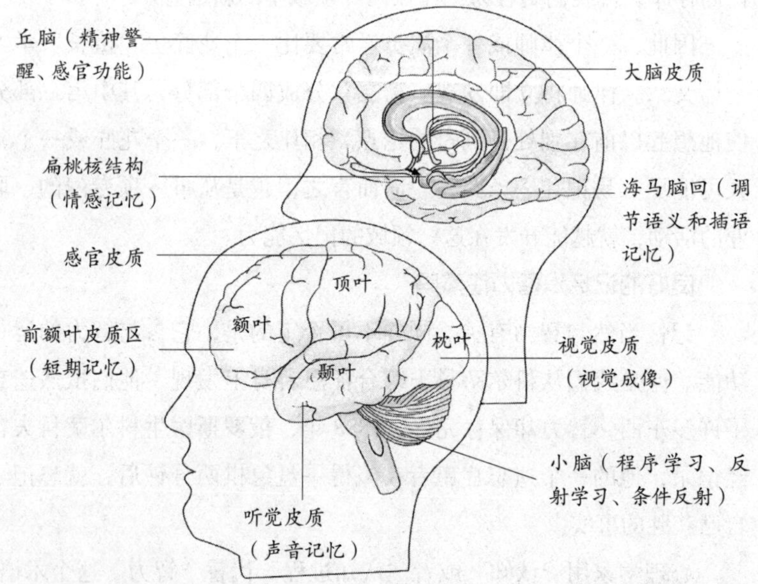

一段经历的点点滴滴储存在大脑的不同功能区域中。比如，一件事如何发生储存在视觉皮质，事件的声音储存在听觉皮质。同时，记忆的这两个方面还互相联系着。

富而逐渐提升，而经验就是记忆。

我们的大脑是否在不断地记忆

只要我们不睡觉，大脑就会感知信息，我们就可以或多或少地去记住某些信息。当我们正在聚精会神地阅读一篇文章时，有人在隔壁房间听收音机，起初我们可能没注意或者听不见……直到某个时刻阅读无法再吸引我们的注意力，于是我们的精神由于音乐的干扰而开始漫游。幸运的是，意图、动机、意识（我想学习）能够过滤这种对干扰的感知，使我们的注意力集中。

但是，我们是否能记住所感知到的一切？所有的都被储存起来了吗？我们都能够回忆起来吗？一切感知都在我们的大脑里刻印下痕迹，但其中一些被删除了，另一些改变了——不太重要和未被利用的信息将趋于消失，或隐藏在某种存在之中。总之，很可能我们记住了比我们所想象的要多的信息，但也应该考虑一下所有信息是否都真的有用。

我们冒着记忆“饱和”的危险吗

我们的记忆存储似乎从来都不能达到饱和，并且我们总是能够学习更多的东西。除非在生病的情况下，一个 80 岁或 90 岁的人完全有能力学习新知识。

然而，学习机制则不同。在一段时间的学习之后，平均在 45 分钟到两个小时之间，记忆即达到饱和。如果我们隔一段时间更换一个科目，就能够连续六个小时不断地学习。例如，在我学医的时候，我先学习一小时的肺病学，然后再学一小时的神经学，以及一小时的血液学，而不是三小时都在学习神经学。事实上，最好将知识分成小块来学习，以避免极为相近的知识之间互相干扰。虽然每门学科都没有全部学完，但是我们能够很好地掌握已经学过的部分。当然，一段时间之后，应该休息或者更换学习内容。更换科目能重新刺激学习机制，不要忽视新事物的激励作用。

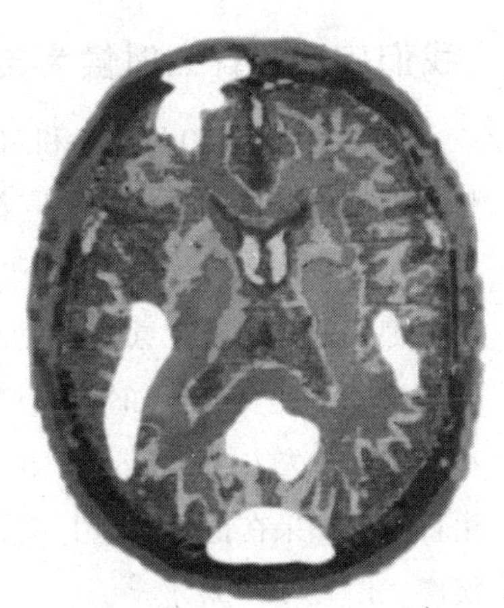

科学家使用神经成像装置能够检测出大脑发挥作用时被激活的区域。例如，当我们看书时，图像显示，大脑颞叶、顶叶及枕叶的部分区域在“工作”，即图中的白色区域。

我们能够在大脑中确定记忆的位置吗

解剖学的观点认为，记忆痕迹储存在整个大脑中，特别是大脑后面的感官部分。

神经元间的相互连接形成了神经“网络”，它的形状像蜘蛛网，连接着所有与同一事件相关的感觉元素。当一个神经元学习时，会产生特殊的电活动，分泌出蛋白质，并且与其他神经元建立连接形成回路。以后，每次做同样的事情时，都会巩固相关的电痕迹和蛋白质合成的记忆。因此，回路用得越多，记忆痕迹在大脑中保存得就越持久。

当我们要回忆上个周末做了什么的时候，会尝试寻找相关的神经元地图，包括所有与其联系在一起的味道、声音、情感等。回忆的过程就是重新构建神经元地图，聚集所有分散了的记忆痕迹。

我们应该在什么时候为自己的记忆担忧

约有 50% 的 50 岁的人和 70% 的 70 岁以上的人常抱怨自己的记忆，但这些抱怨并不一定对应着记忆障碍——没有疾病就没有记忆障碍。许多抱怨自己记忆不好的人，记忆检测结果却完全“正常”，其实他们只是缺乏注意力。然而在日常生活中对另一些情况的抱怨则确实令人担忧，比如别人重复了 20 次的问题仍然记不住；经常在马路上迷失方向；不记得 10 天以前做过什么，而那天正是侄女的生日……如果在记忆检测中确实显示不正常，那就有可能真正患了疾病。

如何进行记忆诊断

首先，帮助那些来做记忆诊断的人消除疑虑是非常必要的，要让他们有信心。记忆测试一般需要 1~3 个小时，为了确定某种记忆障碍，必须对记忆的不同方面进行测试：视觉记忆、口头记忆、文化知识、个人经历等等。并且不应局限于测试记忆，同样也需要测试注意力、语言能力、演绎推理能力等。

所谓对“情景”记忆的测试，包括对一列词语、历史知识或者地图的学习，可以是简单的，也可以是复杂的。一旦被测试者已经记住了一列词语，我们将立刻让他复述（即刻回忆），然后在两分钟、五分钟或者十分钟之后再次复述（分散记忆）。测试可以通过提供一个线索来简易化：“请你回忆一下，在那列词语中有一种花的名字。”也可以要求在第二列词语中找出在第一列中出现过的词，也就是说，通过“识别”来回忆。

如果测试结果显示不正常该怎么办

如果结果是正常的，测试就到此为止。如果测试表明存在记忆障碍，医生可以要求被测试者做其他医学影像的检查。通过扫描或者磁共振图像可以知道某种功能丧失是源于肿瘤还是脑部疾病发作，或记忆区域萎缩。这种检查报告有时候对探测某些疾病非常有用。

我们为什么记住一些事情，却忘记另一些事情

在个人记忆中，感情、感觉和动机扮演着重要的角色。记忆一条信息，不仅是学习这条信息，也是学习它所要表达的内容，也就是说，不仅是记住时间和地点，也包括情感体验。我们知道，愉悦可以刺激学习机制，而当缺乏快乐的因素时，记忆力就会下降。因此，记忆的选择性必定与动机、个性、个人经历、已有的知识等因素相关。例如，一些焦虑的人较不善于记住那些不让他们担忧的事物的信息，因为他们的注意力被焦虑“消耗着”。

我们为什么会遗忘

随着年龄的增长，记忆的动机和能力会改变。我们学得不好，因为我们很累，动机不够，并且注意力也降低了。以前记住的一些信息变得普通或失去作用，要想从大脑中重新提取出来变得更加困难，而且需要投入更多的注意力。这就是为什么那些年龄大的人更容易回忆起以前那些经常被重复，并且在感情中打下深深烙印的事情的原因。

这种难以找回记忆的现象常表现为两种形式。第一种是“舌尖现象”，其特征是对一条信息的回忆非常困难，然而我们知道它就在

那儿——比如一个人的名字——只是一时想不起来。而当我们成功地想起第一次遇到这条信息的场景时，它就会出现在我们脑海中。

第二种现象则与记忆的“源头”有关。我们记住了一些事情，但是记不清事情发生的具体时间和地点。例如，我们接连几次向同一个人讲述同一则逸事，因为我们忘了在哪个时刻已经讲过它了，而且讲过不止一次。

一些记忆为什么被扭曲

因为一个很简单的原因：记忆不是以一个自主的实体存在的。记忆不是你能在图书馆的书架上找到的一本书，也不是一张相片。我们记住一张相片，是记住了这张相片的组成要素，也就是说，回忆的过程是对一幅图像或者一种状况的重组。在这个过程中，我们只能重组不超过 80% 的信息，而另一个参加了同一个场景的人也记住了 80%，但是他所记住的内容和我们记住的是不同的。长久之后，一些要素将永远消失或者被别的信息干扰而改变、扭曲。因此，我们可能以为堂妹曾经在 1986 年的假期来看望过我们，实际上她是在 1989 年的假期来的。尤其是如果我们在同一个地点度假，错误的信息就更容易对记忆造成干扰。

为什么有时候我们找不到钥匙

我们的日常生活充满了很多随意的情形。当把钥匙随意放在某个地方时，我们总是不太注意，因为放钥匙的动作在记忆中与其他相似的、重复了上百遍的动作混淆在一起了。要知道，我们的大脑不能记住或者以有意识的方式回忆起所有的东西。为什么我们要记住一切？那将很可怕。我们做过太多的事情！我们的大脑使某些信息变得容易回想起来，并使另一些信息变得模糊不清，这样才能为其他更有意义的信息保留空间。因此，自动化的行为带来的更多是好处——留着空间去记住那些比把钥匙放在什么地方更重要的信息。如果我们经常忘记把钥匙放在哪儿了，不妨利用一些外部辅助工具，比如空口袋——总是把钥匙放在同一个地方。

我们能否改善记忆力

通过训练可以改善记忆力，但只局限在被训练的那个领域里。如果训练的是记忆文字的能力，我们并不会更容易找到钥匙，但是在记忆文字方面会越来越有效率。我们可以训练注意力，但是记忆名字的能力并不会因此增强。通过练习能够改善一些能力，但关键在于是否能够把得到的益处应用于实际生活中。如果利用练习来开发视觉能力，却不尝试把它应用到生活中，则没有任何意义。练习应该是快乐的并且符合自己的兴趣，否则效果将会是有限的，甚至造成焦虑。这意味着，最好的激励是在日常生活中开展各种活动，阅读、与朋友聚会、旅游等。良好的生活保健同样也是不可忽视的，失眠、劳累过度、焦虑都是影响注意力的消极因素。

是否存在可以增强记忆力的维生素

人在疲劳的状态下，补充维生素 C 能够增强注意力。脑营养学家建议每个星期吃两次饱和脂肪含量高的鱼，但这并不是说，吃鱼会使我们拥有超乎寻常的记忆力。只不过，我们不太重视养成良好的生活习惯——均衡的饮食、充足的睡眠、良好的身体状况对记忆功能的重要性。

如何训练我们的记忆

在这本书中，你将发现一系列趣味练习，这些练习不是让我们学习如何选择正确的答案，而是帮助我们学习解决问题的技巧。如果涉及记忆数字的练习，重要的不是找到正确的答案，而是掌握应该应用的方法。这样，在今后的生活中再遇到数字问题的时候，我们就知道该使用哪种方法了。要记住，生活中所有要求我们集中注意力的情形都对记忆有帮助。

第二节

最初几年的记忆

我们造就了自己的记忆，正如它造就了我们。幼儿时期是发展大脑和构筑精神心理的时期，也是最具活性的阶段。在生命的最初阶段，记忆已经拥有了可供一生铸造的雏形。

从出生前开始

胎儿有着丰富的印象和感觉，并且对母亲在怀孕过程中的感情非常敏感。胎儿记忆的形成和发展是一个复杂的过程，涉及基因、神经内分泌腺（作用于神经系统的激素）、生物化学和感情因素，并以间接的方式通过胎盘和母体承受着外部环境的强烈影响。

胎儿感知什么

胎儿能感知许多的事：母亲有节奏的脉动、摄入的某些食物的味道、由于姿势不好而引起的肌肉收缩，以及在出生后所能够辨别的音乐和声音。当新生儿听到一段在母腹中的最后六个星期反复听过多次的儿歌时，会更用力地吮吸奶嘴。我们也观察到了类似的反应，当新生儿听到母亲的声音时，能将其与其他女人的声音分辨开来。在有多种味道可供选择时，新生儿会更偏爱母亲在怀

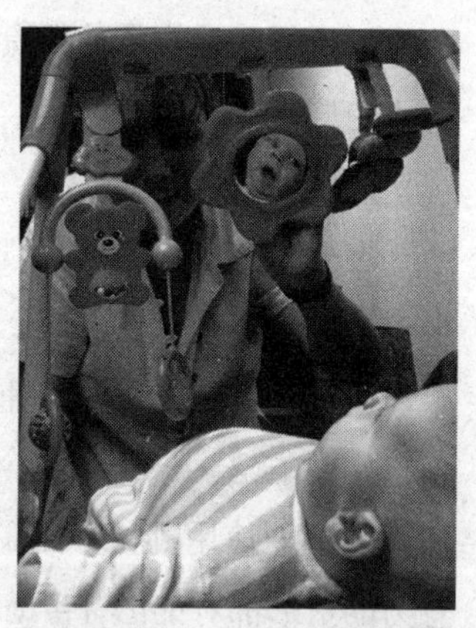

正是通过母亲的声音和借助简单重复的动作，婴儿发现了世界。

婴幼儿的记忆

心理学家卡罗琳·霍维·科利尔领导的一个研究小组揭示，婴儿可能保存了用脚使得悬挂在摇篮上方的活动物体摆动的记忆。两个月大的婴儿在24小时内记得这个联系；出生1个月后，他们可以在1个星期内想起这个协调运动。出生后6个月，记忆痕迹可以持续2～3个星期。

从2岁或3岁开始，幼儿就有了记忆的能力，并且可以在十几年后回想起。这些记忆的保存是随着语言能力的增强而变得容易的。尽管如此，对成年人来说，大多数的个人事件记忆是在10岁以后才有的。

孕时经常吃的食物的味道。因而，婴儿很早就能记得使自己感到舒服和兴奋的东西，以及使他们感觉良好或觉得不舒服的事情。

早期沟通

在怀孕期间，对即将出生的胎儿来说非常重要的一点是，把他放在关照的中心——腹部按摩有助于孕妇的舒适和父母与孩子之间的早期沟通。在触觉接触中，胎儿在母腹中将以积极的方式移向这些快乐的源头。这些印象随后会变成感觉，并形成记忆草图，胎儿会因此牢记这些生命与交流乐趣的“初体验”。这些初体验将会使孩子一生都保持乐观的心态，在遇到困难时屹立不倒。

出生是一个真正的“生态搬迁”。为此，母亲在生育孩子时应该有亲属和医生的支持，让孩子在绝对安全中来到这个世界。这样，父母与孩子的情感联系将被延续，并且这种信赖关系先于其他任何情形被孩子记住。

大脑的逐渐发展

从刚出生到2岁之间，人的大脑将增加大约4倍，最后在20岁

一个孩子正把花指给母亲看。婴儿在 3 ~ 4 个月大的时候就能够发展出概念并且对物体做出分类。在 12 个月大的时候，孩子会简单地说几个词。在几年之后，他就能完全掌握说话的本领。

左右达到1400克。大脑的发育对应着成熟现象和神经元之间连接的发展，一些神经元回路消失了，而另一些则被重新塑造并发展起来。大脑的“连线”逐渐实现，特别是在最初的两年间。每个神经元与其相邻的神经元之间，突触可多达一万个，而非相邻的总连接数则可达到千万亿个！同时，伴随着神经元回路的成熟，会逐渐形成一层保护层——髓磷脂，它将易化神经冲动的流通。

“大脑的可塑性”

神经回环路形成一个令人吃惊的复杂网络，它是所有学习活动的基础结构。为了描绘神经元适应新情况和学习新信息所具有的生物能力，神经学家称其为“大脑的可塑性”。

记忆发展的三个阶段

从记忆形成的角度来看，我们可以把从受孕到孩子 6 岁之间，划分为三个阶段。事实上，记忆始于“母亲的怀抱”，即整个怀孕期间。孩子出生后，从学会走路直到 3 岁，经过“创造世界”的阶段到充满发现的时期，再到在“重新创造”的精神状态下学习的时期。然后随着时间的推移，通过回忆与生活经验相结合继续“再创造”。对于孩子来说，从真实到想象是个无尽的过程，是通往现实的必要认知过程。

从出生到学会走路

在这个阶段，给予孩子适度的尊重有助于他们饮食、睡眠和所有重要神经功能的调整。先天性差异、美好的回忆就是这样建立起来的：关注并给予适当的自由。

动作和感知的重复，以及在规律中逐渐出现的突发变化，是在快乐的环境中成功地组织良好的记忆的基础。声音和动作相互交织产生的安全感与父母之爱给予的安宁，有利于孩子大胆地去发现周围的世界。

儿童记忆缺失

从记忆的层面如何解释“儿童记忆缺失”现象，也就是说，一般成人无法回忆起在2 ~ 5岁的生活情景。是否应该借用下弗洛伊德为幸福而遗忘的抑制论？还是应该立足于情景记忆的回路解剖提出的在生物成熟方面存在自然缺陷？我们知道，情景记忆是要到一定的年龄才逐渐发展起来的，并且可能与语言能力有关。

长期记忆的发展

儿童逐渐地发展三种长期记忆能力：

◎ 最初，儿童在掌握手势、走路、发音方式时，开始增加程序性记忆能力；

◎ 稍后，儿童开始获得语义记忆的能力，包括语言（物体的名称、概念）和文化知识；

◎ 最后，儿童慢慢地增加情景记忆能力。

然而，成年人无法回忆起幼儿时期的生活情景，或者这种记忆非常罕有，并不意味着幼儿缺乏全部记忆能力，他们完全能够在短时间内回忆起某些信息。

身体健康的孩子，会非常自然地对吸引他们注意力的新情况和物体产生兴趣和偏好。在成功地实现一个目标后，他们会带着更大的乐趣去迎接一个新的挑战。如果周围没有有趣的“另一个”挑战，也就不会有他们天真幼稚的絮语和在快乐中的动力以及感觉的觉醒了。

“第二个童年”直到3岁

孩子越多地在父母的爱和关注下安全地发现外部世界，就越能找到其中的意义，并且记住这些发现，而这也更能刺激他们的好奇心和探索的欲望。

父母的激励不应该局限于孩子的实际亲身体验，还应该发展其抽象的思考能力。情感记忆和重复记忆可以帮助并刺激孩子智力发展，然而重复消极的信息和超负荷记忆会使他们失去前进的勇气，从而产生阻碍作用。我们知道，乐观的人更容易记住那些幸福快乐的往事，而悲观的人更趋向于回忆那些令他们痛苦的事情。

在游戏、模仿、发明中提升创造力和想象力；发现性别的不同，并度过具有恋母情结特征的时期；因弟弟或妹妹的出生而引发的嫉妒；在幼儿园开始最初的学习……我们不知道如何衡量孩童时期记忆的强度和情感的力量，但可以确定的是，这些记忆会影响到他们以后生活的方方面面。与此同时，在生命的这一时期，大脑通过突触的发展与稳定，实现了一次巨大的生物性跳跃。

越来越出色的记忆

短期记忆，也称作运作记忆，在整个儿童时期会不断改善。例如，记住多位数字的能力会随着年龄的增长而增强，3岁时能记住2位数字，5岁时能记住4位数字，6岁时能记住5位数字，8～9岁能记住6位数字，12～15岁即青年期可以达到成人的水平，即能记住7位数字。

为了以有效的方式学习，有必要掌握不同的记忆策略，如自动重复、根据类属将信息组织分类等。在7～12岁之间，儿童意识到记忆不是永不衰退的，于是开始学习评估和控制自己记忆力的能力，并意识到需要掌握一些记忆策略。学校在此就扮演了这样一个角色，为孩子提供了明确的学习框架，验证他们的成功和失败。

---

3 岁到 6 岁的“重新创造”

可以说，人类心理的建构是一个不断返工修改的巨大工程。唯有人类的大脑才能协调重复与改变的需求，同时稳定被自我延续的主观感觉，并保持一定的创造性去适应各种境况和不可避免的现代科技进步。

我们来举个例子，为了帮助孩子克服对夜晚和黑暗的恐惧，以及从清醒向睡眠过渡，父母经常给他们读故事，这时阅读忠实于原文的断句和语气是很重要的。这个习惯能安抚孩子，让他们很快就能毫不费力地灵活支配电脑鼠标，甚至能开心地做到在播放广告时转换频道和熟记发出特殊信号的音乐。

一个 5 岁的孩子就能带着自责连续不断地进行记忆修整，以检验自己对世界和存在物的假设，扩大并增进自我想象与现实的联系。但这种行为最初是从象形符号里剥离出来的，孩子的推理方式是以自我为中心的，是其想象的产物。

因此，孩子的“证词”可能会有些靠不住。事实上，很难使他们将真实存在从想象的部分中分离出来。例如，他们把父母叫醒，“因为在他们的床底下藏着个人”，并且他们对此非常确信。个人强烈的情感也会困扰他们，并可能扭曲记忆。

一生的记忆

在童年这个非常特殊的阶段以后呢？一生当中，只要我们注意保持兴趣爱好、保持良好的家庭与社会生活，大脑可塑性与精神灵活性就会持续活跃。如果说“老人是退化后的小孩”（引自心理医生卡特琳娜·杜勒托），那么儿时记忆中的生活乐趣、信任与安全感就为整个人生埋下了种子，尤其保证了成人后的生活质量。

第三节

在学校的记忆

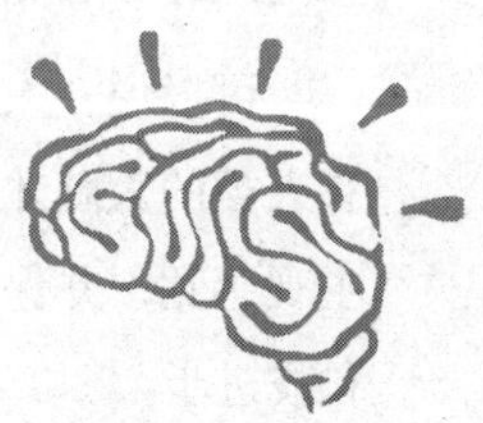

在学校里，我们要完成多种学习目标，要解决多项议程，这常常需要与自己的时间竞赛。首先，有一些是你希望学到的知识，因为你对它们感到好奇，并且认为学习这个科目很有意义。其次，有一些是你的老师希望传授给你的课程。再者，有一些是社会体制要求你掌握的知识，还有一些是父母期望你学习的课程。另外，一个学生必须知道自己将会被测试哪方面的知识或技能。一些测试是衡量知识水平的，另外一些测试很可能是检测技能水平的。有些课程可能会让你进行个案分析，其他课程则需要你知道一些公式。有的测验可以使你提高即兴思考的能力和提升创造力，有的测试则可以指导你学习的方向。无论这些课程

一个多世纪的研究使我们极大地改变了在学校学习的观点。在学习的过程中，要运用到多种感官记忆。

目标和检测方法多么不同——无论是一篇短文考试、多项选择、数学等式、口语表达，还是个案研究，它们在有些方面是相同的，即每一种考察方法都需要知识，而这些知识的学习都需要依靠你的记忆力。

研究人员根据在教学实验中的发现提出，在学校的学习归因于记忆的感觉本性。比如，有的学生采用“照片式”视觉记忆获得知识，有的则通过听觉记忆用心强记。一个多世纪的研究表明，记忆方法种类繁多，并且非常复杂。

“照片式”记忆：一个虚构的神话

科学研究表明感官记忆的确存在，但它们是短期的，视觉记忆大约为 1/4 秒。另外由于生理特殊性，我们的眼睛只能保证在一个极小的角度内有较高的视觉敏锐度：2° ~ 4°，即一个由 4 ~ 5 个字母组成的单词大小。也就是说，我们不可能对一页书“拍照片”。

感官记忆也适用于记忆其他的信息——语义的、图像的。比如说，图像记忆就是借助事物形象（物体、动物或植物）来存储信息的。这种记忆能够以持久的方式存储复杂的信息。美国科学家曾做了一个实验，对于 2500 张照片，被测试者在一个星期后重新观看的时候，仍能够辨认出其中的 90%。但这种记忆并不是所谓的“照片式”记忆。当我们“真的确信”似乎在脑海中看到了课本中的一页时，实际上这并不是一个准确的表述，因为我们看到的只是视觉组合图像，而且我们无法指出一个确定的单词在“这一页”中的准确位置。

听觉记忆是最有效的吗

当比较在短时间内记忆一列字母或单词的能力时，我们会发现，听一段文字比我们自己阅读同样的文字记得更好。一旦这个测试被延迟十多秒钟，听觉记忆相对于视觉记忆的优势（大约 20%）就消失了，听和读的效果就相同了。无论是视觉的，还是听觉的，事实

阅读和电视录像资料

有一项实验，对某初中的学生通过不同的方式所获得的知识进行考察：阅读材料或课本，借助图像进行的口授课或没有图像的口授课，电视播放的无声纪录片或有声且带字幕的纪录片。结果（根据问卷调查的统计计算出的百分比）显示，阅读材料或课本可以为学习者提供最好的条件，而无声的电视纪录片则不利于默记。

	语言知识	语言和形象化知识	形象化知识
视觉直观展示	阅读材料：38%	课本：31%	无声电视纪录片：0%
视听展示	借助图像进行的口授课：27%	带字幕的电视纪录片：20%	
有声展示	口授课：21%	有声电视纪录片：11%	

上，信息很快就融合在一个更高级的符号编码——短期记忆中了。

从短期记忆到专业记忆

短期记忆，又称作运作记忆，这种记忆好比电脑的记忆，能够暂时记住来自一个永久记忆介质（如硬盘）的信息，或者以键盘、扫描仪等形式输入的信息，并将它们汇聚在一起，或者分别进行不同的处理。一些研究人员甚至估计，短期记忆是一切逻辑推理的基础。但这种记忆的容量非常有限，大约一次七个元素。也就是说，我们在脑海中一次只能保存有限数量的信息。由于这种记忆很快就超负荷，对信息只能记住几秒钟，因此对那些重要信息有必要重复记忆。

计划的好处

非常幸运的是，短期记忆与不同的专业记忆是联系在一起的，词汇记忆使单词以声音和图画的形式被储存起来，语义记忆保存着经过分类的概念以及图像。这些专业记忆在运作时，短期记忆将参与信息的分组。如在学习乌鸦、金丝雀、鹰、喜鹊这些词时，它们将与已经出现在语义记忆中的“鸟”类联系起来，这样通过类属法，我们将更容易记住这几个词。这种有效的学习机制正是基于对信息的有效组织。这也是通过概要、阅读笔记或其他形式将所要学习的内容结构化，从而能够更高效地掌握和记忆知识的原因。

课堂上阅读第一

技术的进步并不总是能够带来更有良效的新教学工具，有时候还是需要使用一些老方法，而非不加分辨地将其取代。更好的解决办法是把新的和旧的方法联系在一起，各取所长。这是一个由心理学家阿兰·里约希为首的法国研究小组对 100 多名学生研究后得出的结论，实验的目的是比较不同学习方法的效率。

不同学习方法的实验

语言和图像（不可与听觉与视觉混淆起来）构成了不同的记忆方式。事实上，一方面我们能够分辨出三种信息类型——语言、语言和图像、图像；另一方面，我们也具有三种信息记忆方式——视

程序性记忆

为了学习书写或者打字，使用电脑或者演奏一件乐器，又或者从事一项体育活动，仅通过语言以口头的方式提供一些建议并没有多大作用，必须要以几百次，甚至几千次的重复实践为代价，才能掌握其要领。

教学中，我们经常更多地采用演示，而不是解释。一旦掌握要领，动作通常会被自动地、无意识地执行。对这些动作的学习是一种特殊的记忆，称为程序性记忆。

觉的、听觉的和视听的（结合了前两种方式）。这就有了七种可能的组合：视觉上，简单的阅读材料、课本或无声电视纪录片；听觉上，口授课或有声电视纪录片；视听上，借助图像进行的口授课或带字幕的电视纪录片。在这个实验中，被测试者观看的电视纪录片是关于不同主题的，比如阿基米德或人类的听觉感知。

实验证明，让学生自己控制学习的节奏有助于提高教学效率。

当用图像表现一个熟悉的主题时很有教学价值，阅读材料或参看课本也有助于获得好的效果，而“无声”电视纪录片则没有太高的价值。如何解释这种区别？

正如其他研究表明的，图像只有以语言的形式记录在大脑中才是有效的记忆方式，即心理学家通常所说的“双重编码”（这一术语最早由加拿大心理学家艾伦·拜维奥提出）。事实上，“双重编码”的前提条件是阅读或者利用教科书，通过调节学习节奏来掌握某些术语或专有名词。与阅读不同，电视观众既不能调节图像的速度，也不能进行退后操作。

因此，为了提高教学效率，应该在图像中伴随字幕，更好的是让学生自己控制学习的节奏，比如用电脑代替电视。

回忆的线索

任何学习都是为了能够在今后重组所获得的信息。然而，长期记忆中的大部分信息都不能存留在短期记忆里。因此，我们可以利用一些线索。例如，让一组人学习 20 个词，在回忆的时候提供类属（比如“鸟”“鱼”“作家”）将有助于最大数量的重组出所学过的词。这样的线索在不同形态下都有效，在教学方面，线索常以关键词或提示图的形式出现。

存在这样一个特殊情况，线索即词汇或图像本身，也就是所谓的重新辨认。重新辨认的成功率是惊人的，被测试者能够准确辨认出所学信息的 70% ~ 90%。在教育学上的应用表现为多项选择调查表，被测试者被要求从几个备选答案中选出正确的答案。

图表胜于冗长的讲述

图表是学习和重组复杂信息的一种极好的方法。它的优点在于，能在表述的同时进行组织。图表的形式非常广泛，有曲线图、流程图等，其中最为常见的是地图。

阿兰・里约希研究组做过一个实验，让一群学生分三场次学习一段 10 分钟的电视资料片。该资料片节选自尼古拉・于洛的纪录片《尼罗河源头的秘密》，内容是关于尼罗河的水域系统。在影片最后，只向被测试者中的一半人展示了一个描绘尼罗河水域系统的图示。之后，所有的人都参加了一个测试，用来证实学生掌握的知识分三个级别，从资料片的主题（级别一）到水域变化的细节（级别三）。结果，那些看了尼罗河水域系统图示的学生取得了最好的成绩，他们在一开始就成功地抓住了主题，而那些没有看图示的学生都是逐步抓住主题的。

第四节

记忆：创作灵感的来源

自传、回忆录、私人日记是否属于文学？圣·西蒙在他的回忆录中，记载了路易十四和摄政王奥尔良公爵菲利普从1694年至1723年的皇室会见日程安排，但他并不会因此就成为一个作家。普鲁斯特是一个作家，他的小说《追忆似水年华》中关于记忆的描写

列夫·托尔斯泰写道，如果没有看过《帕尔玛修道院》（1839年），他将不能在《战争与和平》（1868年）中描写博罗季诺会战的场景。同托尔斯泰没去过博罗季诺一样，司汤达也没参加过滑铁卢战役，但他在拿破仑战争期间到过博罗季诺，于是他的记忆能从博罗季诺转移到滑铁卢。他们和维克多·雨果不同，雨果为了在《悲惨世界》（1867年）中描述滑铁卢战役，曾亲临现场去做了调查。

由于渲染着他本人和书中人物的感情与心理，“让我们认识了另一个世界”。英国导演彼得·布克在《遗忘时间》的开篇中写道：“我本应该把这本书称为错误的记忆。”对雅克·劳伦来说，“回忆也能像想象那样疯狂”，他在《谎言》(1994年)中尤其强调了这一点。回忆和想象的关系何在？在回忆的同时想象，这不就是创造者的特征吗？

《奥德赛》的记忆

从文学初期开始，奥德修斯的冒险——从特洛伊战争结束到他回到家乡伊萨卡城——就反映了我们的记忆形态，传记部分穿插在重大事件的情感背景中，影响着这部冗长的史诗的进程。奥德修斯建造小船离开岛屿，但是仙女卡吕普索控制了他的意识，从而成为他的妻子。他的社会性和生物血缘关系，只有通过他的儿子忒勒玛科斯和那些乞求鲜活记忆的地狱亡灵才得到体现。为了成功返乡，他必须前往哈迪斯之门，在那里他遇到了在特洛伊战争中牺牲的英雄们和自己的母亲……记忆真的非常脆弱，总处于威胁之下：奥德修斯长期生活在卡吕普索身边时的消沉状态，喀尔刻配制的毒药使他的伙伴变成了猪，他还被爱莲娜下了能忘记所有悲伤的迷魂药，甚至父亲都老得无法认出自己的儿子……

作者在书中提出了两个问题：我们是因为离开而归来吗？我们在其他人的记忆中变成了什么？只有奥德修斯的狗阿格斯一下子认出主人。而奥德修斯却必须向奶妈展示胎记，向妻子描绘自己制作的夫妻床，才能使她们认出自己……

没有人要求“讲述”

为了永远平息海神波塞冬的愤怒，奥德修斯必须再一次离开，一边肩膀上扛着船桨，另一边肩膀上扛着遗憾的重担。许多作家都

荷马创作的《奥德赛》是无数艺术作品的灵感来源。古斯塔夫·莫罗（1826–1889）的这幅绘画就是以《奥德赛》为原型的，名为《奥德修斯和美人鱼》。

感受到了这个的重担，尤其是移民者。移民者的哀愁更确切的是返乡的焦虑，而非思乡之愁。在米兰·昆德拉的《忽视》（2003年）中，两个捷克人在异域重新开始他们的生活——伊赫纳在法国，约瑟夫在丹麦。20多年后，他们重新回到祖国。然而，当他们与老朋友联系的时候，朋友中没有任何一个人向他们询问“在那边的生活”，没有人要求他们“讲述”。

对不同人的记忆的比较体现了相同的不安，另一个背井离乡的作家伊斯梅尔·卡达莱在《H档案》里就表现了这一主题。两个来自纽约的爱尔兰移民后裔有一天来到阿尔巴尼亚北部的一个小城，为了弄清楚自己先辈移民的秘密，他们牢记周围的各色人等。他们还试图弄清游吟者（类似于荷马的游吟诗人）背诵史诗的时代，以确认《伊利亚特》与《奥德赛》是否为最早的史诗，荷马是否只是阿尔巴尼亚传奇的一个剽窃者。

“我对你的记忆，像存放圣体的金银器般闪烁发光”

这句诗是波德莱尔《恶之花》（1857年）中的节选，这部诗集闪烁着用感情渲染、用想象铸造的愉快而美妙的记忆：

深沉而神奇的魅力，我们此时陶醉在重塑的过去！

（《香水》）

我懂得唤回幸福时刻的艺术，重新生活在过去，蜷缩在你的双膝内。

（《阳台》）

从维克多·雨果和拉马丁，到魏尔伦、阿波利奈尔、艾吕雅……诗人们一直都在传达自己的记忆。

你还记得我们过去的心醉如迷吗？为什么你要我回忆起来？

（魏尔伦，《感伤的对话》）

我的记忆在洗牌
景象为我而思索
我绝不能失去你
这就是秘密之花

（艾吕雅，《诗歌之爱》）

路易斯·阿拉贡向遗忘致敬（上帝让人忘了去忘记），但在《艾尔莎的眼睛》（1945 年）中，他仍然涉及了自己的记忆。

记忆在梦之源泉逝去
翻飞的美丽世界在那儿变换着色彩
镜子里你诗样的双眸如泉眼般诉说着温柔的谎言

（《反纯诗歌》）

第五节 专业领域的记忆

对于研究记忆功能的科学工作者来说，记忆是通过几个“次系统”表现出来的，他们设计出不同的实验来测试这些“次系统”。为了明晰在专业领域中起作用的记忆机制，我们首先要改变观察角度。

玛丽，演员和导演（58 岁）

当演员的时候，我从来不提前学习一段文字。我把剧本拿在手里，试图在脑海中勾勒出人物的举止和个性。就这样，剧本变成了一个逻辑空间，处于动作、感觉、情绪的连续性里，在熟悉这个逻辑空间后，我甚至不需要再学习剧本了：它就在那儿，正如一个显而易见的事实，这是一种情感记忆。

当然，当我有唱独角戏的任务时，就必须像在学校一样“用心”强记，但这也是在人物的塑造工作完成之后进行的。而在最后一次表演结束后的第二天，我就忘记了所有的文字。这是脱离人物角色的一种方法！

现在，作为导演，我的记忆原则则完全不一样了。我无法记住文本，只能通过想象在空间中建立视觉坐标。我为演员设计动作，然后自己就忘了，但我总会自发地观察事物是否准确地运行着。我记住所有拍摄场景中需要加入灯光、声音的不同时刻，这完全是视觉记忆，同样也是情感的。因为，如果在某个时刻，灯光不像大家期待的那样亮起来，就不能产生“共鸣”。

自从我成为导演后，我的日常记忆就不如做演员时那么好了。我认为记忆不会自我维护，我们实践得越多才会记得越好。我唯一从来都没有成功记住的东西就是数字。

专家们的分析

和玛丽一样，大部分演员都承认自己不是靠死记硬背来记住角色的。他们更多的是融入所要诠释的人物中，理解并且重组人物的动机和性格。一旦他们把握住人物的感觉，就将更容易记住台词。美国心理学家海尔格·诺艾斯在仔细研究演员的记忆后提出，演员不是记忆的专家，而是分析的专家。

通常，掌握一段较长的独白要求演员花一定的时间用心背诵。但当涉及经典戏剧的三段式诗文时，语句的韵律和对称配上适当的旋律后，记忆会变得更容易。然而，演员的记忆并不是始终可靠的，

与广为流传的错误观点相反，演员不一定是用心强记的冠军。为了记忆角色，他们更侧重于分析，并且尝试融入所要扮演的人物中。

高强度地学习、有规律地复习、良好地组织信息，这几个方面的结合有助于高效记忆。

他们也有可怕的“记忆空洞”。

玛丽的例子中最有趣的是关于记忆方式过渡的那段描述，即从口语性质的记忆到图像和视觉记忆的过渡。在她当演员的那段时间里口语性质的记忆占主导地位，自从她开始从事导演工作，图像记忆则与演员在布景中的走位有关，于是口语性质的记忆让位给图像记忆。视觉记忆引出了地点和图像记忆法，这是一种需要想象一个虚拟空间的记忆方法。

丹尼尔，儿童神经科医生（45 岁）

我每个星期大约要接待 25 个病人，一些病人一个星期定期来几次，另一些病人一个月来一次。我在询问病人的时候会详细地做笔记，特别是第一次问诊时。我经常在会诊前重新阅读笔记，这样每个孩子的面孔和经历会在我的脑海中变得很清晰。我极少会忘记与病人相关的事情，如果发生了这类事，就意味着我应该在克服遗忘上下功夫了。

相反，如果要去购物，我通常是先写一张详细的购物清单。否则，我总是会忘记买某样东西。我真的有一种把那些要强制性记住的东西遗忘的倾向。

学会组织信息

一个全科医生平均每天要接待30多个病人，丹尼尔的情况却很不同，她幸运得多，每个星期只有25个病人，因为精神病会诊的时间很长。在会诊期间，她能记住诸多细节可能归因于病人每个星期都来多次。另外，丹尼尔经常做笔记并复习，特别是对新病人。最初高强度地学习，之后有规律地复习，加上良好地组织信息，所有这些因素都有助于高效率记忆。最后，在遗忘的情况下，她会随时准备尽更大的努力。

直指问题的关键

对医生记忆的研究有时候会得出表面上矛盾的结论。有一个实验，其目的是研究资历更高的医生是否能更好地记住与诊断相关的信息。然而实验结果显示，具有中等水平的医生远比他们的新同行记住了更多的信息，也比那些经验更丰富的医生记的更多。事实上，经验更丰富的医生似乎直指问题的关键，而较少地注意对诊断不太有用的细节。

雷纳，咖啡店店主（57岁）

大部分时间，我在脑海里记住所有的东西，并逐一满足顾客的要求。当然，偶尔我也会弄错，端来一杯牛奶咖啡而不是浓咖啡，但我有机会重来一次。我总是和顾客交谈，我们互相开玩笑，大家都很放松……我每天都尽量让自己开心。

当顾客很多的时候，我很幸运能够自觉地依赖于一个习惯。这时，我什么也看不见，把精神完全集中在声音和所发生的一切上。当我频繁地来到柜台前时，我也有过忘了应该拿什么的经历。但是，冥冥中我听到一个声音对我说道："雷纳，你忘了那个……"

为了记住顾客要求的饮品，服务员通常采用类属法。如果是常客，服务员则会借助对顾客的认识和了解。

我有很多常客，我完全知道他们点的是什么，但我总是重新询问他们。他们有权利改变！其中，一些人来只是为了聊天，来找些气氛，还有一些人来这儿工作。这家咖啡厅招来了许多从事不同职业的人。

外界干扰和记忆饱和

为了记住每位顾客的要求，雷纳利用了专家们所称的“运作记忆”，就是说，在一段极短的时间内把信息保存在大脑中。然而，这种短期记忆对各种形式的干扰都非常敏感。如果雷纳在听完一个顾客的要求后，和另一个顾客说话，他就可能会弄错前一位顾客想要的东西。虽然，有时候雷纳可以求助于常客的偏爱和习惯，但当他面对新需求的时候，就有可能出现记忆饱和。因此，为了缓和记忆冲突，有时候他会让顾客用笔写下自己的需求，并且偶尔依赖一个盲人顾客来提醒他……

咖啡店或者餐厅的服务员，几乎都表现出出色的记忆技能。另外，前者很少写下顾客要求的饮品。当饮品的数量不超过 5 ~ 6 个时，将在短时间内被保存在运作记忆中。尽管如此，也要当心外界的干扰，在用餐高峰期时，来自不同餐桌的干扰会妨碍记忆。

为牢记而分类

为了记住所有顾客的需求，服务员常借助一些记忆技巧。例如，根据饮品的特征将其分类，顾客分别要的是三种无酒精的、两种含少量酒精的和一种高酒精含量的饮料。根据使用杯子的类型分类（形状、大小）也能够帮助服务员：将所有的杯子摆放在柜架上，一个接一个地倒入相应的饮品。

虽然餐厅服务员几乎都写下顾客的点菜需求，但是他们还要记住同一桌的每位顾客点过的菜，以此作为别的顾客的参照。他们一般会按顺时针的顺序询问并记下每一位顾客的要求，这种方法一般都能成功，除非上餐时顾客换了位置。

分类的高手

美国心理学家 K. 安德斯・埃里克森研究了一个叫 J.C. 的人，他能完整地复述出 20 份菜单。而当埃里克森要求学生完成同样的任务时，他们却只能记住几份菜单。J.C. 是怎么做到的呢？他首先将菜名重新分组，前餐、肉类、沙拉、甜品等，之后再进行记忆。这确实是一个高效记忆大量数据的好方法，他甚至可以达到对 600 种不同食物的记忆。

记忆的重要原则

◎ 记忆运行的三个阶段：记录、储存、重组。

◎ 为了积极主动地记住一条信息，必须把它“挂靠在”一个已知事物上。

◎ 重复实践能巩固记忆。

◎ 视觉记忆（构建心理图像）比仅仅的口头记忆更有效。

◎ 不存在无须努力的学习。

记忆一个大城市的主要路线和景点需要很多努力，同时实地训练也是不可缺少的。

瑞哈，集邮家（61 岁）

我从 10 岁左右开始集邮。我母亲曾是邮电总局的接待员，她从我姐姐出生时就开始集邮。她总是定期购买四张相同的邮票，一张留给自己，另外三张给我们。她把邮票放在集邮册里，每个星期天下午，给我们讲述邮票上的著名人物、徽章和建筑物的故事。我对此非常感兴趣。

我最早收到的几张邮票中，有一张印着贝当的肖像，给我留下了最为深刻的印象。那是一张棕色的大邮票，大约宽四厘米、长五厘米，虽然它已失去邮资功能，但上面印有贝当在法国战后的肖像。

今天，我拥有数千张法国邮票和众多的信封，所有这些都完整地保存在我的记忆中。如果不是因为特殊原因，我从来都不会买两张相同的邮票。

我觉得集邮是一种极好的文化活动，能丰富知识。比如我吧，现在对昆虫感兴趣，我就找那些所有表现昆虫的邮票。我总是寻找新的种类来丰富自己的收藏。

受局限的记忆力

瑞哈在一个极为有限的领域发展了百科全书式的记忆，我们在所有的收藏家身上都能找到这种记忆能力。钱币学家或者葡萄酒工艺学家，在他们的专业领域，无意识记忆的效率通常等同于有意识记忆。另外，他们能更快地学习和重组信息。

收藏家能快速做到对藏品的最佳分类，他们会频繁地浏览自己的藏品，并且对新的藏品有极高的发现动机。因此，在其专业领域，他们能极好地组织记忆，达到常人所不能达到的高度。

吕西安，出租车司机（56 岁）

14 年前我想成为一名出租车司机时，需要在驾驶学校全日制学习三个月与这个职业相关的安全规则，还要记住 50 多条路线，特别是巴黎警察局规定的典型路线。

为了帮助记忆，我每个周末都开车出去考察这些路线。考试的那天，我们抽签选择其中的两条路线，被要求背出来并写在纸上。

还有一个测试是需要在一张巴黎市区的空白地图上填上各条路的名称。我自己制作了一张同样的地图，反复练习了十几次。我设想了所有可能出现的类型，并且都用心把它们背了下来。因为我每天都不停地练习，对巴黎的定位从而成了一种习惯。

对于乘客，有的时候到了目的地，我甚至都不知道他们是谁，他们打电话，或者我很累不想说话……如果是一个重要人物的话，我就能记起来！开车的时候，我经常听收音机，特别是体育频道或者有趣的脱口秀。

自我练习的兴趣

吕西安表现出其职业所需的双重记忆能力：借助口头记忆，他掌握了交通规则，依靠视觉—空间记忆，他记住了各条路线。另外，他非常明白常规练习的好处。随着时间的推移，他对路线越来越熟悉，在开车的时候，他还能听乘客说话或者听收音机……

一个容量更大的大脑

为了取得全伦敦的出租车营业执照，出租车司机必须记住25000多条路线和一些餐厅、大使馆、医院等的所在位置。这至少需要两年的时间准备，顺利通过笔试部分才有资格参加口试，幸运者将在正确回答10个问题后通过测试。因此，伦敦的出租车司机都是导航专家。由神经学家埃莉诺·玛格赫领导的研究小组研究了他们的大脑：他们的右海马脑回比非职业司机发达得多。

是否只能是最具有城市导航天分的人才能成为出租车司机呢？埃莉诺·玛格赫指出，出租车司机是在长年累月的驾驶之后，才使得右海马脑回如此发达的。

经BBC调查，伦敦司机俱乐部的一个成员对这个结论感到非常吃惊："我从来都没察觉到我大脑的一部分体积在增加，那其他部分又会是怎样的呢？"

没有人的记忆是完美的

某一领域的专业知识会随着实践的增加而逐渐增多，直到达到百科全书的程度。随着这个过程的推进，学习和回忆都变得越来越容易和迅速。

尽管如此，专业领域的记忆也会衰退。就像前面所说的，当记忆负担过重时，咖啡店的店主雷纳有时候也会混淆或者忘记顾客的要求。而当涉及专业之外的领域时，他们也不再具有任何优势：玛丽很难记住数字，丹尼尔需要为购物列一份清单。同样，虽然吕西安和瑞哈发展了百科全书式的记忆，但是只能在特定的职业领域起作用，并且要以经常实践和持续复习为代价。

第六节

男性与女性的记忆

关于男性与女性智力不同的学术争论和社会争论一样，都提出了两个问题：有什么不同？是教育、社会、历史原因使然，还是该从解剖学、遗传学、两性的生物特性学考虑？

男性知道他们要去哪儿，女性知道她们在哪儿

“女人没有数学天分”“男人不会预知并且组织能力很差”……为了深入认识这类问题，心理学家和神经学家不断进行实验，以下是得出的几项结论：

当要求男性和女性描述自己的过去时，女性的叙述更为详细和

一项研究表明，女性的记事能力高于男性，比如对童年生活的最早记忆，女性要比男性早 6 个月。然而，男性一心多用和处理复杂事务的能力要高于女性。

连贯，并且充满感情。在一对夫妇中，一般女性保存着更多共同生活的记忆，并且更能记住事件的细节和发生时间。对童年生活的最早记忆，女性比男性平均要早 6 个月。

当要求记住一篇短文或者一列字词时，通常女性表现得更好。在问及几年前读过的一本小说的内容时，男性和女性却有着相似的结果。女性总是更好地记住旧同学的名字和面孔，而无论男性还是女性都更容易地记住与自己同性别的同学。男性通常保持良好的代数知识，并且能借助几何特征（形状、方向等）更快地掌握一条路线；女性则更多地借助口头标志来确定方向：“在面包店前向右拐，然后在邮局前向左拐……”

因此，对于一些记忆方式，两性中的某一性似乎真的存在优势。

性别不同大脑也不同吗

从解剖学的观点来看，男性和女性的大脑几乎没有差别，其主要不同在微观层面。男性语言的要素似乎更多地表现在大脑的左半球，而女性在处理语言时则更多地同时利用两个脑半球。这大概可以解释为什么在对字词或者文章的记忆测试中，女性更具有竞争力。

与激素有关吗

某些激素（睾酮、雌性激素、黄体酮）在性别发展（生殖器官、第二性别特征）以及与生殖相关的生物过程（男性精子的产生、女性的月经等）中扮演着关键的角色。它们在血液中的浓度，女性与男性有所不同，甚至同性之间以及同一个人在不同的阶段也不同。为了明确激素的浓度与认知和智力之间的关系，科学家进行了许多实验。睾酮（雄性激素，或者男性激素）在男性出生前和刚出生后以及青春期的分泌量非常大，这种激素对数学和空间能力起着重要作用。用类似的方法我们发现，女性月经期间雌性激素浓度的变化

在日常生活中，男性和女性之间的不同是巨大的，包括智力差别。这是单纯的偏见还是科学事实？神经心理学家给出了他们的答案。

影响着不同领域中的各种能力，如语言的自如、口头记忆和手的灵敏度。在更年期以及更年期之后，记忆能力轻度降低大概源于这一时期的激素变化，激素的替代物治疗能够部分减轻这种症状。

与教育有关吗

同时，记忆能力也受教育、社会、文化等因素的影响。教育有可能促成某些“男性的”或者“女性的”行为。比如，某些玩具是用来刺激男孩子的，开发他们的生理世界和认知能力；而另一些玩具则是用来促使女孩子去发现和认识社会的。这样，不同的教育方式出现的动机与频率常常会导致两性之间差异的产生，或直接构成差异。

总之，在记忆方式上两性的相似性要多于差异。另外，需要明确的是：女性完全可以在一个由“男性的”记忆主控的领域获得成功，并且胜过大部分男性，反过来也成立。

第七节

强烈刺激会留下深刻记忆

外界信息通过感官使人产生记忆

人的记忆是由外界输入人脑当中的信息构成的。外界信息进入大脑的途径是人的感官，人的感官主要有五种，分别是视觉、听觉、嗅觉、味觉、触觉。当然，人们通过感官接收到的信息，必须进入大脑之后才会形成记忆，没有大脑，感官自身并没有什么特别的意义。感官只是单纯的途径，光线、震动、气味等物理刺激通过感官之后只会形成神经冲动，这些神经冲动需要在大脑当中进行解释和分析之后，才会让我们真正感觉到我们生存的这个世界中的各种形状、颜色、声音和感情等。

感官信息通过人的神经系统进入大脑

感官为什么能够接收到外界的信息呢？人体的内部中心有一个巨大的神经系统，人的身体中的各个部位都有这个神经系统的分支结构。正是因为这种分支结构的存在，人们才能通过自己的五种感官来不断捕捉外界的各种信息。

感觉信息进入大脑中，会在大脑深处进行分析，然后这些信息之间会建立一定的联系，再与其他的信息相比较，最后才会形成记忆。我们的感官并不是什么信息都会接受，基本上都是我们注意到的信息或者是和我们有关系的信息，这也是我们现在还能正常生活的原因。如果我们的感官什么样的信息都接受，那我们的大脑早晚都会被环绕在我们周围的各种图像、气味、声音和其他感觉塞满。

外界信息形成的记忆因人而异

虽然人的各种感官都是相同的，但是因为人与人之间有很多地方都是不同的，各种感官信息在进入不同人的大脑之后，会被人们涂上各种不同的色彩，这使得很多人对于同一个事件往往会有不同的解释方法。

通过人的感官进入人的大脑当中的信息，不一定都会形成记忆，即便是形成记忆也不一定是深刻的记忆，这是因为大脑需要对感官信息进行过滤，选择最需要的信息进行记忆，至于一些无意义的信息则会被排除。或许我们不一定能够判断出哪些感官信息最终会形成记忆，一般来说，感官经过强烈的刺激之后储存在大脑当中的信息，一定会形成记忆。比如说，我们的身体某个部位受了很严重的外伤，这就是我们切身感受到的信息，而且会对我们造成很大刺激，那这件事我们可能一辈子都忘不了。就像很多人都能知道自己身上留下的疤痕是什么原因所造成的，即使已经过去了很多年。

大型事件会使人留下深刻的记忆

很多大型事件，即使已经过去了很长时间，也依然能给人们留下深刻的印象，比如说奥运会开幕、载人航天飞船上天、火山爆发和地震等。现在想了解这些事件发生的时间等信息，可能随便问一个人都能得到正确答案。相信大部分人身上都发生过这样的现象，这种现象叫作闪光灯记忆，也叫闪光灯效应，是指人们对震撼事件留下深刻记忆的现象。

强烈的刺激产生的记忆会留下深刻记忆。例如，对真的蛇或想象的蛇的恐惧，可能会伴随你的一生。

人的大脑皮层由旧皮

层和新皮层组成，旧皮层需要担负维持生命不可或缺的机能的作用，比如说睡眠，而新皮层则要担负一些意识活动，比如理性思考等。闪光灯效应的发生是因为有些信息突破了新皮层，到达了旧皮层，与睡眠等人的生命本能连接在一起，也成为一种人的本能，因此在一般以及消失之后，这些记忆仍然能留在人的大脑当中。

由于闪光灯记忆能长久保留，因此在现实生活中，一旦有需要我们长期记忆的信息，我们就可以把这些信息和一些震撼人的事件联系起来，这样，一些重要的信息我们就能长期记忆。

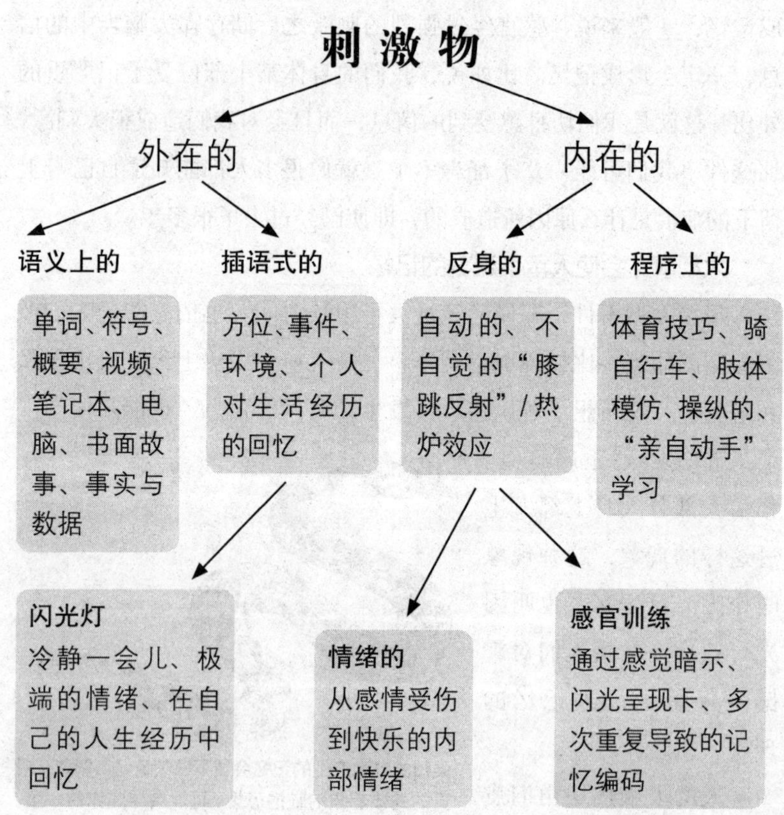

第八节

广告，记忆的实验室

五个电视观众中只有一个宣称会观看广告时段，其他人确定自己会更换频道，或者离开去洗手间、下楼扔垃圾、洗碗等。因此，毫无疑问，广告应该具有吸引力，甚至使受众能够不费吹灰之力就记住。

用尽方法来吸引注意力

如果广告信息首先留下令人困惑的感觉呢？很好！因为，需要推理才能弄明白的信息能够调动已经储存在大脑中的相关信息。并且，一条广告的图像、声音和场景越丰富，受众将越容易记住。在

在东京新宿的商业区，广告制作者用尽各种方法来吸引路人的目光。巨大的灯光招牌、大屏幕影片等，路人的所有感官都被刺激着。

电视或者电影院里播放的广告片可以调动所有的记忆方式，而在杂志的广告页、街道上的海报或者收音机播放的广告，只是局限于视觉或者听觉中的一个方面。

好广告的另一个标志——震撼感情，因为触动我们感情层面的东西能被记得更牢。无论是令人愉快的（和蔼可亲的人物形象、悦耳的音乐、节日或者假期的气氛等），还是令人不悦的（为了卖保险产品制作的一幕意外事故），甚至是触目惊心的，功效都一样，只要是激烈的。如果广告制作者能够让受众吃惊（裸露的身体、不适当的搭配等），那么他们就十分清楚强化受众记忆的价值所在。

甚至不为受众所知

为了达到预期效果，广告制作者还利用了诱饵效应。事实上，我们在不为自己所知的情况下，记住了大量能够决定我们行为的广告信息。例如，在一个关于奶酪的广告中，反复出现一头微笑着的母牛。几天后，当我们在超级市场徘徊的时候，通常会在十几种奶

潜在的诱饵：一个广为流传的错误观点

1957 年，市场心理分析家吉姆斯·维卡里宣布，他用惊人的方法成功增加了新泽西州一家电影院的苏打水和爆米花的销量。在电影放映期间，他设置了一个短暂的“阈下”程序（一种感觉阈限的低级过程），即休息时段在电影屏幕上出现“喝 ×× 可乐吧！”和“饿吗？吃爆米花吧！”的字样。这种“阈下刺激”的理念立刻被电台和电视广告制作商推广。面对市民的不安，美国国会分别在 1958 年和 1989 年通过两个法律议案试图停止这项研究，但是它们从未被表决。事实上，随后进行的大量研究都没能证明这种方法的功效，维卡里自己也在 1962 年承认了该实验的错误性。

略中选择带有这个商标的。当我们每一次看到这个商标或者类似的图像时，我们的记忆都将以完全潜意识的方式被激活，广告信息由此在记忆中被加强。

一般情况下，人类的记忆容量很难估量。最近一项关于大脑的研究，证明了专家们一直以来所断定的：我们大脑的容量远远超出自己的想象。

信息的传播

制作好的广告如果不是以恰当的形式和节奏传播，也不会产生好的效果。因此，还应确定广告信息应以怎样的节奏（城市里分发的传单、杂志中重复出现的插页或广告灯箱的聚光灯）反复出现。

因为大部分广告制作人都认识到了这点，成功并不总是能保证的。当相似的几个广告靠得太近时，它们的内容（图像或者声音）或者采用的形式（使用广告牌、杂志插页，或通过收音机、电视播放）就极易产生混淆。这时，位置成为关键点，处于最先和最后的广告通常最容易被记住。因此，在电视广告时段，最开始和最后放映的广告片价格相对较高。同一个广告总会按一定的“周期”循环出现，因为每一次出现，都会引起对前一次的回忆。

没有人总是成功

然而，神奇的公式并不存在，在广告领域失败的例子并不少见。即使极力宣传，也还是有许多人没记住品牌的名字或者产品的名字。

甚至，确切的广告标志刻在特定人的记忆中，买卖也不一定能做成。为了让买东西变成受众的反射行为，在售卖点产品就必须是容易被接受的、有价值的，而且还要避免受到有现场促销活动或价格更有吸引力的同类产品的影响。因为，最后起决定作用的常常是消费者的银行账户……

第九节

退休后的记忆

随着年龄的增长，我们的长期记忆会得到提高（我们可以不厌其烦地述说往事），但是我们的短期记忆就大不如前。记忆就像是肌肉，你不使用它就会失去它。

记忆的年龄

童年是记忆的输入阶段。大脑几乎就像“海绵”一样，不断地吸收：童年生活的经历、家庭生活习惯、社会规则、日常用品的使用方法……随着时间的推移，学习变得越来越复杂，并且需要组织。儿童、青少年和成年人都使用适合自己的方法整理知识，以便更轻松地应用。

而老年人带着曾经强制性的节奏和习惯离开工作的世

记忆的衰退不是在退休那一天突然出现的，它是逐渐衰退的，并且每个人的方式和速度都不同，但我们可以减缓记忆的衰退。

界，从此，必须去适应生活中心转移到家里的日子，这是一种他们以前只有在假期中才能体验到的生活。现在，他们有更多的空闲时间去从事在从业时进行的一种或几种副业，该是重新捡起曾放弃的娱乐活动或者进行锻炼的时候了。甚至，一些人会开始从事在几年前梦想的一种新的工作或职业。然而，事情并不像我们想象的那样。事实上，一个适应期是必要的，而这个“介于两种生活之间”的阶段，有时候并不容易度过。

什么是随着年龄真正改变的东西

我们慢慢地变老，我们的记忆也跟精神的和身体的其他因素一样，性能在逐渐减弱。不过，只有在患病的情况下，这种趋势才会恶化。其实，记忆的退化早在退休之前就开始了！但是这也视个人而不同，不同的精神活动不是以同样的方式和速度演进的。

更频繁地忘却，集中注意力有困难

随着年龄的增长，我们发现很难同时进行几种活动，我们越来越经常“丢失”钥匙或者眼镜。事实是，当思维忙于另一件事时，放置钥匙或眼镜的动作不再被有意识地记住，因此在之后需要它们时无从回想。

另外，对某项活动，我们需要付出更多的努力才能保持长时间精神集中，同时我们也不如年轻时学得快。

我们常抱怨想不起某个人的名字。事实上，这是一种任何记忆策略都不那么容易起作用的“低落状态”。众多因素会影响记忆力的演进，一些与个人经历或者社会环境有关，一些则受个人意愿和动机的影响。

衰退的能力

一旦校园时光远去，我们经常忘记在校时学习的知识。我们错误地以为，一篇深奥的文章现在也只需读一两遍就能记住。事实上，我们已经丧失了学习的习惯（组织信息的方式、必不可少的重复、便于记忆的各种技巧和策略等），从而导致新旧知识之间建立联系的可能性变小了，构建心理图像的能力也减弱了。

一条没被记录好的信息在重组时需要投入更多的努力。相反，一旦信息被良好地巩固在长期记忆中，将不会受任何与年龄相关的因素影响。遗忘曲线对每个人来说都是相同的，无论年龄大小。

事实上，对许多事物的记忆都被很好地保存着，尤其是专业领域的知识，我们所抱怨的遗忘几乎总是那些对我们来说意义不大的事物。

不同信息之间的相互干扰

另外，拥有的经验和知识会随着岁月的流逝而增多，一些信息将汇集在一起并分享一些共同的特征：同样发音的名词，我们曾住过的所有地方，我们与朋友一起的晚餐，等等。这种情况下，最近的记忆能激发以前的记忆，或者相反，最近的记忆刻下更深的感情烙印，妨碍之前的记忆重现。

与上面所提到的不同，似乎存在这样一种记忆，随着年龄的增长其功能趋向增强！这就是心理学家所说的“前瞻性记忆”，即对我们在未来应该做的事的记忆：明天早上给玛丽姨妈打电话，今天下午去药店，在 19 点左右去扔垃圾……许多经验表明，年龄大的人往往比较他们年幼的人更能记住这些行为。越是年轻的人，就越倾向于信任自己的这种记忆能力，然而，结果并不总是与他们所期待的一样。相反，老年人会借助外部辅助来帮助记忆，比如记事本、符号等。

如何保持良好的记忆力

年龄的增长通常意味着大脑具有的容量越来越少，并且我们更容易疲倦，记忆力也不例外。那么，如何保证良好的记忆力呢？

注意生活保健

到了一定的年龄，身体的各种功能通常会变得不太好，而健康问题可能导致记忆障碍。某些药物，特别是安眠药，对记忆会产生直接的负面影响。适当的预防措施和良好的生活习惯，都对守住记忆有利。

不存在能够刺激大脑或者保持高效记忆的“神奇饮食规则”，但均衡的饮食有助于预防心血管疾病、癌症和某些病变，应多吃蔬菜、水果和鱼（特别是那些含有丰富的不饱和脂肪酸的生鱼），饮用适量的葡萄酒（最多一或两杯，并且只在用餐时饮用）。

保持好奇心

额外的不安有时来自某种感觉器官的衰老。当视觉和听觉衰退时，对外界的感知将会变得更困难，而且不再完整，这势必会阻碍

动机在保持记忆力中扮演着关键角色。为了持久并有规律地实践某种活动，无论是游戏性的还是实用性的，在选择上都应该符合自己的兴趣中心。

记忆。此外，功能的减退还经常伴随着退出社交活动，这样更残酷地造成记忆功能不再能顺利运转。

事实上，社会或家庭环境的激励、娱乐活动的参与对记忆具有有益的影响。一项记忆测试“在大众中”进行，将会取得更好的成绩，并且如果活动种类越丰富，产生的效果就越好。

我们在年轻时发展的认知资源是年老后“主要”可以依赖的，充满活力、保持好奇心和警觉，对维护智力与记忆都非常重要。

我们感兴趣的是什么

只有在我们不去运用它时，记忆力才会衰弱吗？人们常说，当我们变老时，回忆年轻时候的事情要比回忆前个晚上做过什么更加容易。但是这因人而异！增加训练记忆的机会，并不意味着要强制自己去做不符合我们品味、愿望和日常生活的大脑锻炼。然而，日常生活中有许多需要我们努力记忆的东西，例如银行卡的密码、进入住宅的密码，或者是完成一项任务的行政程序。那么，为什么不创造些技巧或者策略来训练记忆呢？

当然，除了有用的或者必要的活动之外，还存在其他一些可供我们选择的活动。没有什么比记住那些看似无任何用处的东西更难的了，比如所有城市的市政府所在地。学习一门外语，却没有在使用该语言的国家居住一些日子的打算，则毫无用处。如果不制订一个计划，并有规律地实践，那么要掌握计算机操作（记录个人经历、编制家族数据库等）几乎是不可能的。同样，在听完一系列讲座或者阅读完一本书后，不去复习或深入研究是不能记住很多东西的。事实上，如果我们对某一个课题感兴趣，就应该深入进去。

换句话说，如果想通过某种活动改善记忆，就应该以不断重复的方式去实践，并且长期坚持。最好是选择一个自己感兴趣的活动，这能给自己带来直接的满足感，并且要做好为此付出必要努力的准备。

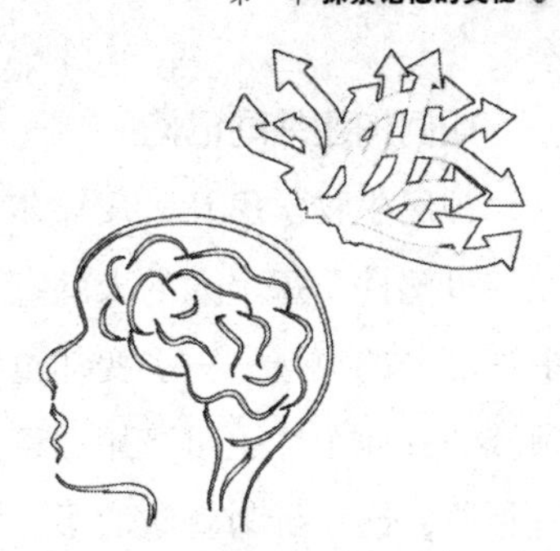

第十节 集体记忆

集体记忆的概念最早由法国社会学家莫里斯·阿勒波瓦茨（1877–1945）提出，他假设群体或者社会的每个成员一起构筑并分享一段共同经历。但这种假设的依据是薄弱的，因为只有个人记忆才是一种被证实的能力。

信息的传递

除了在疾病的情况下，每个人都能回想起自己人生的重大事件、前一天所做的事和不久的将来要做的事。那么，一个家庭的成员、一个群体的成员，甚至整个国家的成员是否能够分享这种记忆呢?

回答这个问题先要考虑信息传递的社会范围。研究发现，信息的传递具有多样性，正式的或者非正式的、口头的或者书面的、有意识的或者无意识的、做笔录或者不做笔录的、偶尔的或者系统的，还可以通过复制、模仿等形式进行。人们在相互传递着信仰、风俗、价值观、知识、行事的方式、存在、感觉……

重新激活记忆

共同记忆的分享至少要在两个人之间进行。我们不断对所记住的信息进行拣选、增加和删除，这被表现为神经元之间关系的加强或减弱。

如何构建共同记忆

神经生物学家让·皮埃尔·尚若在他的著作中提出，由于神经元的可塑性，每个人的大脑都保存着无数自己所处环境的痕迹，其中一部分的痕迹——多变却重要的那部分——处于同一生理和社会领域的其他个体也可享用。例如，在晚餐结束时，家庭成员一起翻看相册，这一行为就激活了一定数量的共同记忆：卢汉的堂兄婚礼时的一场暴雨，每个圣诞或平安夜微醉的大叔，在瓦诺瓦兹的夏季假日等。在社会结构（在这里指家庭）中，记忆的分享是随机的，正如对同一事件不同人会出现不同的表述或分歧。

什么是可被记忆的

某些信息比另一些更容易被记忆和分享，它们在某种程度上“稳固”在某个人或一个群体中，这大概是由于这些信息与大脑内在的精神结构产生了共鸣。例如，一部节奏优美的音乐作品就比一段隐秘的音乐更容易被记住。相对于前一晚学习的关于股票市场的课程，我们能更轻松地回想起《拇指姑娘》的故事。对一些几何图形也一样，我们更容易记住一个圆形，而非一个不规则的多边形。许多可以想象出来的物体都因为有这样的特殊性，而成为“注意力的吸引者”，从而被大多数人记住。

纪念：一种被要求的记忆分享

每年的 11 月 11 日，在法国的所有阵亡纪念碑前都要举行全国性的纪念仪式。然而，社会学上的争议表明，仪式参加者远远没有做到一起分享纪念事件的相同记忆。这种情况下，选择性记忆的事实错误地被认为是实际存在的事实。但另一方面，个体记忆中保留了对根与共同命运的信仰。奥古斯特·孔德（1798–1857）曾在他的实证主义中提到此现象。他认为，这种纪念仪式会在“具有共同命运”的一代人中持续发展。这种记忆分享的要求，就像所有语言

1902 年，维克多・雨果诞生百年之际，法国人民在先贤祠组织了一个豪华的庆典，来纪念这位伟大的诗歌之父、共和制的捍卫者。

一样，拥有强有力的社会效应，能帮助群体成员像团体般进行想象。同时，这种记忆分享也塑造了一个单一的社会世界。但集体记忆与真实历史之间存在着区别，前者为社会成员共同所有，而后者则或多或少为个别群体所有。

一个模糊的概念，却非常实用

根据定义，集体记忆的概念有时候很模糊却非常实用。模糊，是因为它不可能保证全部的个体都能分享被赋予同样意义的记忆。例如，谁能准确地说出法国大革命在600万法国人中存留着的记忆。另外，它又是非常实用的，因为我们不知道如何以另一种方式定义这个表面上由多人分享的过去的意识形态。然而，绝不能忽视群体或社会成员忘记他们相同的过去的行为。与其说集体记忆是群体所有成员记忆的总和，不如说是遗忘的总和，因为真正的记忆总和应是在被个体加工之前，而遗忘的总和则共有那些被遗忘的事。

第十一节
剖析记忆

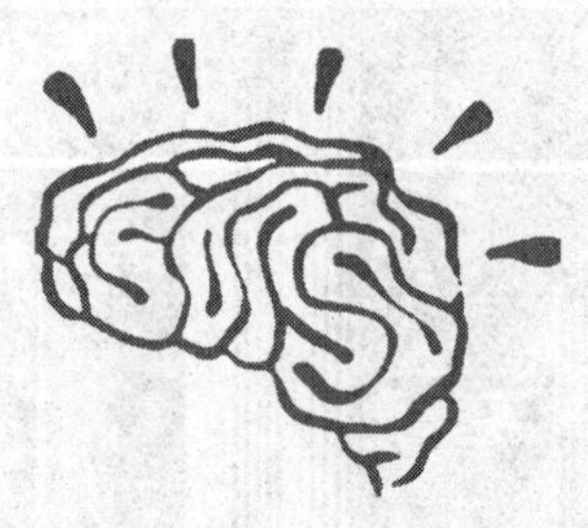

记忆功能的正常运转需要整个神经系统的参与，神经系统负责传递并处理感觉信息。感觉信息影响着我们的情绪、行为（比如语言）和个性，以及记忆的特殊性。

神经系统

神经系统由周边神经系统和中枢神经系统两部分组成，神经网络遍布全身的各个部分（皮肤、肌肉、关节等），包括所有的器官、腺体和血管。神经系统将外界的信号（视觉的、听觉的等）传递给

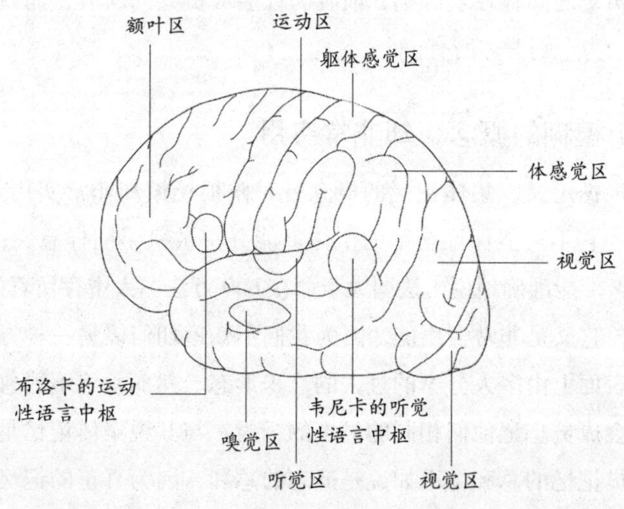

大脑半球的功能

大脑，使人体以运动的方式反馈回应。例如，大脑将听觉信息解码后，回应的动作才能被组织起来。并不像我们想象的那样，大脑是中枢神经系统的唯一构成物。

大脑和神经系统

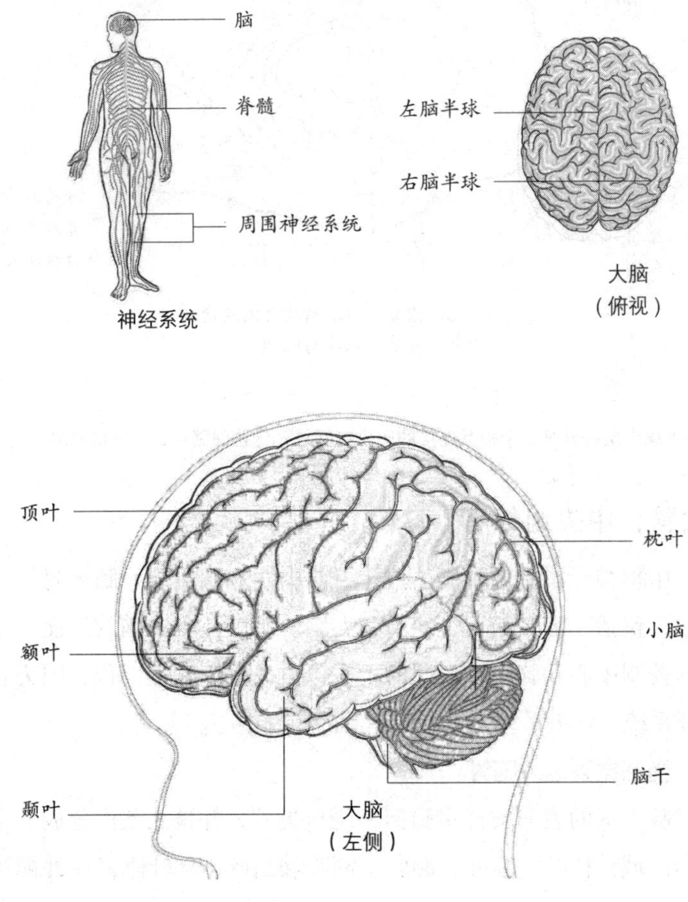

中枢神经系统由脊髓和脑组成，大脑的每个部分都与一个确定的功能相结合。

巴贝兹回路

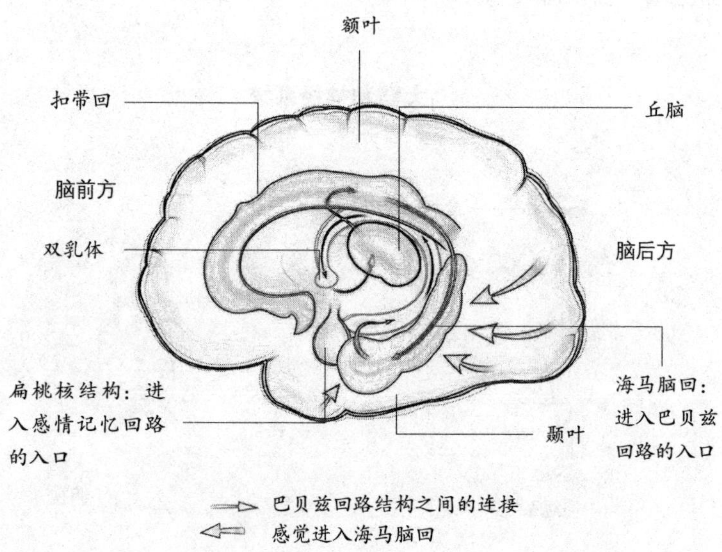

大脑半球内层部分有四个相互连接的巴贝兹回路，这些回路用于对新信息的学习。

大脑，中央组织者

中枢神经系统由脊髓（位于脊柱中）和脑组成。脑被封闭在头骨中，包括小脑、脑干、间脑和大脑。小脑位于大脑的后面，是运动的控制中心。脑干在脊髓的上方，也是一个关键部位，因为它是循环系统、呼吸系统、觉醒和体温的控制中心。

当感觉到达大脑时

脑半球的表面被许多脑回缠绕包裹着，并被几条沟分成五个主要的区域：枕叶、顶叶、颞叶、额叶和岛叶。岛叶隐藏在外侧沟深处，参与调节感觉信息。

枕叶、顶叶和颞叶位于脑半球后部，分别控制一项或几项感觉

感觉信息与巴贝兹回路

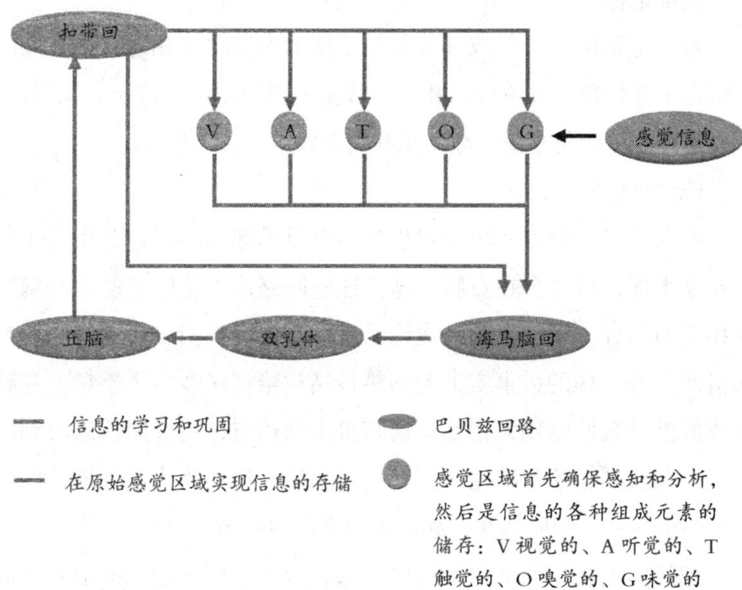

感觉信息的各种组成元素通过巴贝兹回路被记住，循序渐进的巩固程序将强化各个元素之间的连接。

功能：枕叶负责视觉，顶叶负责触觉，听觉、味觉和嗅觉由颞叶负责。当然，它们之间的连接部分可以交换、比较和修改各自所带的信息。

额叶位于大脑前部，占了整个大脑的 40%，是一个专门负责复杂行为的区域，管理着个性、创造力以及精密的认知行为，比如计划、策略、组织、预测等。

每种类型的记忆有其对应的大脑区域负责

根据所涉及的是要记住一条新信息，还是回忆过去的时间、地点，或以往学过的知识、经历的感情，记忆功能所要求和利用的回路是不同的。

短期记忆

短期记忆的每个组成部分都与不同的大脑区域相连，语音圈与大脑左半球的顶叶和额叶区相连，视觉—空间记事区位于大脑后部，中央管理者可能与左脑半球的额叶联系着。

陈述性记忆

对新信息的学习和巩固发生在两个巴贝兹回路里，其中一个位于左脑半球，另一个在右脑半球。这些回路由大脑内部的海马脑回和扣带回构成，属于大脑的边缘系统。以前，我们以为这些回路与感情回路是一样的，事实上是扁桃核结构给记忆装载了感情。左脑半球的巴贝兹回路用来记忆由语言带来的信息，比如阅读或听到的句子；右脑半球的回路用于记忆空间信息，比如路线和抽象的图像等。两个回路互相联系在一起，实现紧密的合作。

记忆的重组需要通过不同的回路，因为不同的记忆对应着不同的神经元网络。诱发性问题能提供回忆的线索，从而引导我们通向记忆库，并实现记忆的有意识再现。但是，目前科学家还不是很了解这个过程的具体情况，只是知道与实际事件的地点和时间相关的线索保存在额叶中。记忆的再现分两步实现，首先靠额叶与颞叶区域的激活来重建，然后由脑后区保存。左颞—额叶区的损伤会造成整体认知的困难，对应的右边系统的损伤则会造成个人记忆的残缺。

程序性记忆

我们通过反复学习所获得的行动、习惯和技能，构成最基本和最原始的记忆形式。运动习惯的形成归功于 3 个大脑区域之间的相互联系，它们以间接的方式参与对运动功能的控制：小脑、大脑深处的区域（纹状体和丘脑）和顶叶—额叶的某些局部。

感情回路

给记忆加上感情色彩能够调整行为适应各种状况。例如，当我们看到蜘蛛时会恐惧、惊叫、逃脱或采取防御行为。这种感情的“着色”通过一个特殊的回路得以实现——扁桃核回路。构成感情回路入口的扁桃核结构与大脑的其他众多区域都相关联，它接受来自所有感觉区域的信息，也与控制本能（比如饥饿、干渴、欲望、愉悦）的海马脑回联系着。这一结构还与控制自主神经系统的脑干区域相连，调节心脏和肺部功能，以及皮肤的反应，这就解释了为什么恐惧和愉悦总伴随着心跳加速、呼吸加快、过量出汗和皮肤泛红。

对新信息的学习

巴贝兹回路的入口是海马脑回。信息从海马脑回出发，通过双乳体和丘脑（这两个大脑区域使得信息得以长时间保存），当经过额叶内层的扣带回时，会与已经存储的其他信息进行比较。扣带回扮演着一个重要的角色，我们越是对一条信息感兴趣就越容易记住。最后，被处理过的信息重新回到海马脑回被巩固。

巴贝兹回路能为同一事物的不同组成要素编码：视觉的、听觉的、嗅觉的，以及地点和时间，并在其中加入感情特征。神经元网络将所有要素之间的连接轨迹分别储存在不同的大脑区域中，于是记忆被“分散”了。巴贝兹回路不是用于信息的最后储存，也不干涉短期记忆和程序性记忆，所以，海马脑回或巴贝兹回路的损坏将只会影响陈述性记忆。

对信息的巩固

可以通过新的学习或者简单的重复来巩固已被储存的信息，例如为了记住一首诗而反复背诵。在连续重复时，巴贝兹回路扮演着重要角色，颞叶会逐渐加强分布在大脑中的不同元素之间的联系。

第十二节

记忆的细胞机理

神经系统是由几十亿个功能不同的神经元构成的。感觉器官的神经元把来自周围神经系统的信息（视觉、听觉、味觉、嗅觉、触觉）传递到大脑，而运动神经元把它们传向相反的方向以控制肌肉。大脑本身也是一个复杂的神经元网络，用于整合感觉信息，并决定做出何种回应。

为了弄清楚记忆所依赖的生理和生物化学机理，首先必须了解单个神经元是如何传递信息的，以及与其他神经元是如何接合的。

神经元的结构

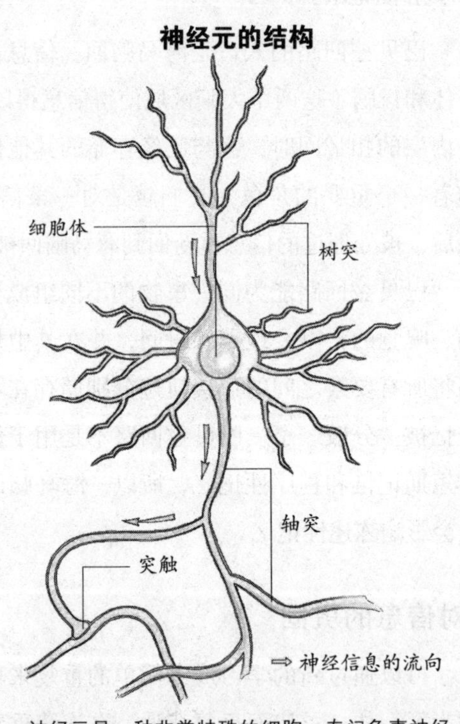

神经元是一种非常特殊的细胞，专门负责神经信息的传递。

神经元和突触

神经元是一种特殊的细胞，能够更新、传递和接收电脉冲，或者更确切地说是生

突触的结构

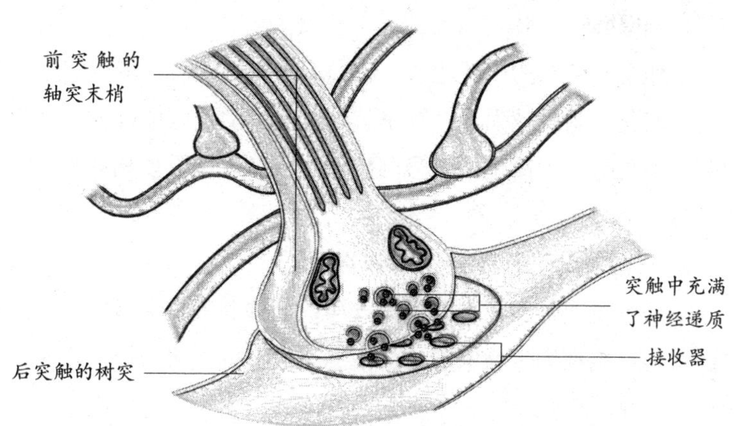

借助特殊的化学分子——神经递质，突触得以保证神经信息从一个神经元传递到另一个神经元。

物电，因为这种电现象产生于活的生命体。电脉冲（称为动作电位或者神经冲动）先在一个神经元内部传递，然后在构成整个神经系统的网络中传递，某些神经纤维每秒能够传输 150 米。

神经元细胞体包括细胞核、树突和轴突。轴突是一个单一的延长部分，长度从一毫米到一米不等，在末端都形成球状。动作电位通过轴突被传递到位于另一个神经元表面的接收器上，连接两个神经元的“接合”区域称为突触。根据其承担功能的不同，每个神经元与其他的神经元通过 1000 ~ 100000 个突触连接在一起。

信息如何传递

细胞膜起着划分电势能的作用，细胞外部为正，细胞内部为负。有些细胞称为应激细胞，如神经元，这种细胞能够产生动作电位——一种和正负电极转换有关的生物电刺激。在千分之几秒内，大量汇集在细胞膜上的钠离子（正离子）进入细胞内，迅速改变细胞内外的极性，使得细胞内部变成正极，外部为负极。

为信息编码

动作电位差约为100毫伏，它们的频率随着需要传输的信息的变化而变化，刺激越强烈，频率就越紧凑。动作电位就像一种简易的莫尔斯代码，由简单的符号与停顿组成，或像只使用0和1的计算机二进制语言。

从一个神经元传递到另一个神经元

动作电位通常在树突的表面产生，延伸到整个细胞体，直到轴突的顶端，表现为生物电形式的信息通过突触，从一个神经元传递到另一个神经元。

当动作电位到达前突触的轴突末梢时，化学分子——神经递质被释放到两个神经元之间的突触空间中。随后，化学分子固定在后一个神经元的接收器上，引起化学反射串，在第二个神经元里促发动作电位（激发突触传递），或反之，阻止动作电位（抑制突触传递）。

同一个突触可以释放不同类型的神经递质，至今已发现100多种，如谷氨酸、γ-氨基酸和乙酰胆碱，都出现在与记忆相关的大脑活动中。

记忆的细胞机理

一个人在出生时拥有约400亿个神经元，它们之间通过众多突触相互连接，特别是在大脑中。神经元网络随着生命的进程而改变，一些连接将被巩固（例如通过学习），另一些则被消除。这就是我们所说的神经元和大脑的“可塑性”。

然而，人类神经系统如此复杂，以至无法研究记忆的细胞机理。目前，关于这个领域的大部分研究，均来自对无脊椎动物或者某些

短期记忆的细胞机理

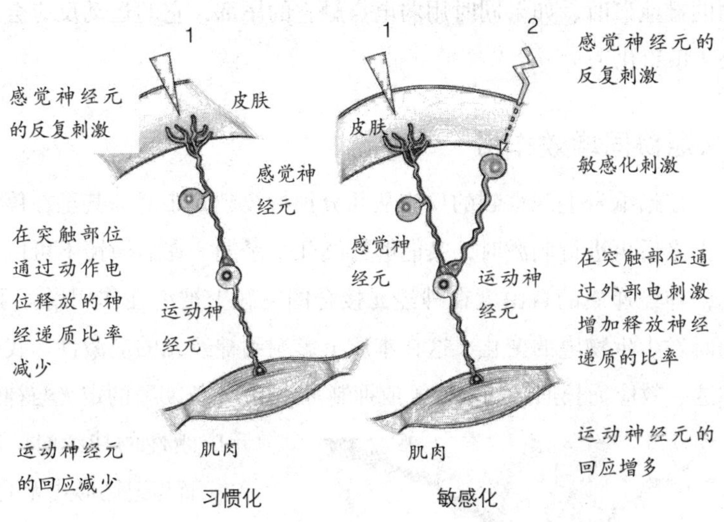

对无脊椎动物（如海洋蛞蝓）的研究证明，有两种类型的适应：习惯化，由感觉神经元的重复刺激引发；敏感化，由在对感觉神经元刺激时连接外部电刺激引发。

哺乳动物的最简单的神经系统的研究。

习惯化和敏感化

某些海洋蛞蝓的神经系统是最常被研究的对象之一，它由分布在 10 个神经节上的 20000 个神经元组成。这些神经元直径可达一毫米，对其染色有助于对它们的分辨、操作和观察。

当我们碰触蛞蝓位于腮下的排泄口时，它会紧缩，同时腮片也会缩到外壳里。如果不断重复这个生理刺激，排泄口的收缩程度会随着时间减弱（习惯化），腮片也越来越放松。在我们自己身上做类似的实验会出现什么现象呢？电话铃声先会让我们吓一跳，之后，我们对电话铃声的反应越来越弱。在另一个实验中，我们在触碰蛞蝓的排泄口时，如果同时用弱电点触它的尾部，它的运动反应会加强（敏感化）。

长期协同增效作用

在蛞蝓身上观察到的反应从几分钟持续到几小时，甚至在停了几天之后再进行刺激时，又能够持续几个星期。在显微镜下可以看到，神经递质的自由度在神经元接合的突触上被潜在作用增强了，同时发生生物电的变化，这在本质上影响到神经元的应激性。我们称这一效应为长期协同增效（或抑制）作用，“长期”的定义与神经元应激性的持续时间有关，而与记忆形式无关。

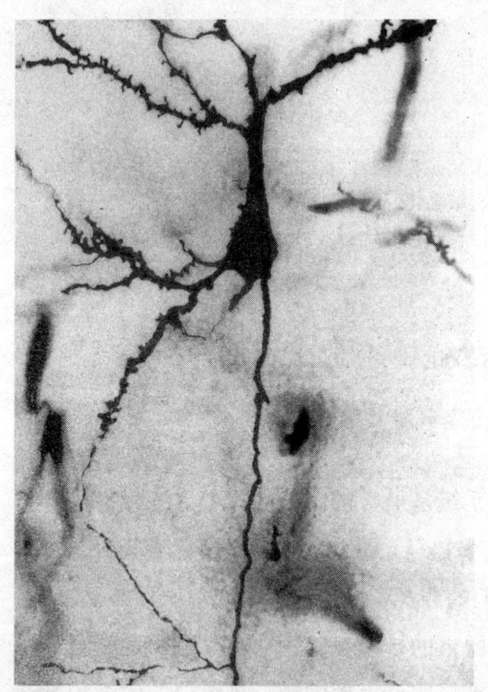

从这张图片中我们可以看到，重复刺激引起神经元树突的增生。

比方说在敏感化作用中，两个优先结合的神经元被同时刺激，后突触的神经元会增强其应激性（协同增效作用），或恰恰相反，造成应激性减弱（协同抑制作用）。

在哺乳动物的某些大脑区域也观察到了类似的现象，特别是在海马脑回和小脑中。而海马脑回直接作用于记忆，小脑则影响运动功能。

短期记忆：生物电的改变

生物电的改变是构建短期记忆的基础，这一现象能从一个更微观的层面上找到解释：分子说。

在习惯化的实验中，我们观察到神经递质释放的比率随着时间的推移而减少；而在敏感化实验中，这个比率会增加。记忆被解释为，通过突触的包含神经递质的突触小泡的数量的变化，这种变化直接与细胞间钠的变化有关。像长期协同增效作用这样的生物程序是极其复杂的，研究人员已发现了几十种在这些程序中作为媒介或调节者的分子，如接收器 AMPA 和 NMDA、蛋白质 G、蛋白酶等。

长期记忆：神经元结构的改变

如果生物电的改变能够作用于短期记忆，那么如何能够“决定性”地储存记忆呢？又如何在神经元上加固记忆呢？对于长期记忆，仅仅是生物电临时的和可逆的改变是不够的，是基因发挥了作用。事实上，对一个神经元的重复刺激将引起处于细胞核内的某些特殊基因的活化，于是真正的“加工”便开始了。

第一步，基因活化将引发大量蛋白质的产生，这些蛋白质用于形成接收器和能够保证持久强化神经信息传递的元素。

第二步，在重复刺激的作用下，基因活化产生的新的蛋白质将参与神经元自身的增生。这些蛋白质首先在树突的顶端形成许多刺状物，刺状物在生长的同时又产生新的树突，并与其他神经元建立新的连接。如此发展，就形成一个新的特殊网络，这些神经元结构的改变就是长期记忆的细胞基础。

第十三节

从巴甫洛夫的狗到大象的记忆

研究员指出，海狮可能是除了人类以外的生物中记性最好的动物。

今天，生物学家甚至在最初级的生物体上，比如海绵，都发现了一种记忆，即记录环境的改变。而高等脊椎动物利用记忆的能力，有时候可以与人相比。每天与动物打交道的人，比如狗或者猫的主人，常遇到这类的范例。100 多年来，科学家对动物记忆的探索取得了巨大进步。

令人惊讶的实验

俄国生理学家伊万·巴甫洛夫（1849–1936）曾做过一个著名的实验，他还因此获得了 1904 年的诺贝尔奖。实验证实了狗能对刺激做出反应：如果在喂食时摇铃，那么几次实验之后，只要铃声响起，狗就会流口水。如今，就我们看来，这个实验既平常又没什么价值。

只懂得“学舌”的鹦鹉

现今最会说话的鸟是加蓬一只名叫亚历克斯的灰鹦鹉，它能够复述所学的所有词语。20多年来，它不仅记住了50多种物体的名字，还学会了辨别类属，比如形状和颜色。如果向亚历克斯展示两个用木头做的三角形，一个绿色、一个蓝色，当问它两者的相似之处时，它会回答说“形状”，然后补充说“材料”。

专为海狮设计的实验

为了证明海狮能在记忆中长时间保存较少见到的猎物的图像，加利福尼亚大学的两位生物学家用了十几年的时间训练并测试了一头名叫瑞欧的母海狮。研究人员先让瑞欧学习一些符号、字母和数字，然后让它从众多卡片中辨认出学过的东西，每一次辨认成功就给它一条鱼作为奖赏。随着时间的推进，学习内容也不断增加。10年后测试时，研究人员向它展示了以前从来没有见过的符号、字母和数字，它竟然能将新的元素分辨出来。对这种令人惊讶的记忆能力，生物学家解释为，海狮在每个季节都会遇到种类繁多的猎物，它们都能够认出来。

瓦索是第一只参加20世纪60年代进行的语言学习实验的黑猩猩。它在4年时间里学会了132种手势，能造简单的句子。这些实验是否证明黑猩猩能够像人一样学习语言还存在争议，然而黑猩猩偶尔能正确地造句是事实。

一群大象的共同记忆是通过老年雌性大象带来并传递的，它记忆了群体迁徙时途经的路线信息，包括安全的地方和危险的区域。

自然界中动物的记忆

动物生态学的研究人员对自然界中动物行为的研究，不仅局限于孤立的个体，同时也研究了动物间传递知识的可能性及其方式。

灵长类动物的特殊能力

黑猩猩比较有团队精神，群居数量可达到100多只。这些“社会”或者“社区”在生产某些工具方面可以实现专业化，例如，一些黑猩猩专门使用某种形状的树枝捕捉白蚁，而另一些黑猩猩则擅长捕捉黑蚁。我们在一个“社区”观察到，一些黑猩猩借助石头或者木块来砸核桃，而其他“社区”里的黑猩猩却没有掌握这种技巧。20世纪70年代，动物生态学家发现日本，一种猕猴懂得用海水清洗块茎里的沙子以改善块茎的味道。经过反复观察，研究者还发现了黑猩猩对药用植物的使用情况。一只母黑猩猩在腹泻时吃了一种含有抗生素的合欢树的树皮，而这之前黑猩猩群里的其他成员并不知道这种植物的功用。不久之后，合欢树皮的这种功用便在群体里被记住并传播开来。

“从母亲到子女”：大象和鲸

对于大象和鲸，知识是通过“从母亲到子女”的方式进行传递的。一个家庭中，老年雌象教导年幼的象了解地理知识，即迁徙过程中的安全区域和危险区域。同样，年长的雌鲸能够记住那些“有危险”的船只，并告诉小鲸鱼毫无恐惧地去接近那些安全的航船。

研究人员推测，大象家族能够在100多年的时间内都带着“集体记忆”，从雌象的成熟，直到它们最小的孩子死去。对于幼象来说，年长的雌象就是一部在它们的生存环境中求生的百科全书，除非一个猎人过早地结束了这个传递之源。

借助游戏训练狗

狗一直有种作为人类的伙伴的天赋，通过人类的选择，这种天赋能得到更好的发展。英国的驯狗师通过一系列训练来调教他们的伙伴，当收到“蹲下”或“睡觉”的命令时，狗便会卧下来并保持不动。接受过特殊训练的狗对人类有很大贡献，雪崩救人、清除碎瓦、寻找毒品或炸弹、帮助残疾人、表演杂技等。为了获得良好的效果，驯狗师需要不断地激励自己的伙伴，使它们乖巧地服从命令，通常借助游戏和奖励就能达到这个效果。对被训练的狗来说，仅服从命令还不够，讨主人欢心也是必不可少的。

狗的记忆力不需要主人花费太多精力和力气，日常生活中的一些小游戏就可以让狗拥有良好的记忆力。

第十四节 医学影像技术

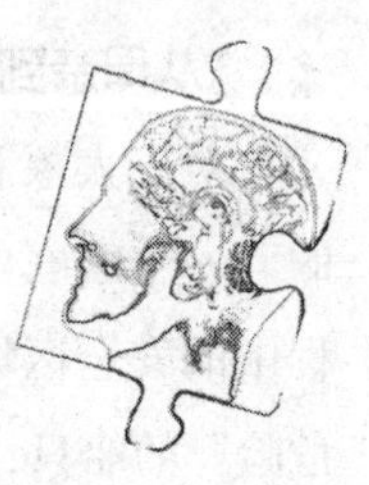

毫无争议，大脑是医学家与运用医学图像的科学家酷爱的研究对象。甚至有这么一个专业——神经图像学。无论是功能的还是形态的，为了诊治或者为了基础研究，新的技术给我们提供了越来越精确的图像，进一步推动了对记忆的研究。

形态成像技术

形态成像技术能确保我们更好地认识大脑的构造，尤其是能给活人进行检查，这显著改进了神经学疾病的识别诊断，比如确诊肿瘤或脑血管意外。与功能图像不同，形态成像技术提供的是“静态”图像，即和大脑特殊活动无关。

X 射线断层扫描（CT 机）

X 射线断层扫描提供的是被检器官的精细水平剖面图，能清晰地分辨那些在传统 X 光片上看不见的或容易同其他器官混淆的人体器官。CT 成像技术依靠的是 X 射线的放射性（使用不会对人体造成危害），电脑以数字图像的形式显示通过人体的 X 射线数据，不同的人体组织吸收 X 射线的量不同。脑 CT 能清楚地显示脑血管的畸形（动脉血管瘤）、脑血管损伤（脑出血、脑梗死）、肿块、肿瘤、严重创伤引起的脑损伤、与神经元缺失相关的脑萎缩等。这种技术能把受损伤的大脑的图像同记忆测试结果联系起来，帮助我们对记忆发生的位置有更多的了解。

磁共振图像（IRM）

通过磁共振得到的图像要比扫描得到的更精确，特别是在某些区域（比如脊髓）或者在某些感染性疾病的情况下。CT 扫描只能得到横切面图像（与人体主轴垂直），通过磁共振则可以得到竖切面和斜切面图像。

在进行 IRM 检查时，身体进入一个强大的磁场，人体组织中所有水分子中的质子都朝向同一方向。当磁场中止时，质子又回到原来的位置，同时放射出反映机体组织密度的特殊电磁波。

功能成像技术

最新的功能成像技术使我们对人体组织解剖和大脑“正常”运转的理解发生了巨大改变。这一技术使我们更重视某些脑部疾病患者的大脑的整体运作，也使得与大脑（特别是那些健康人的）精细运转相关的区域显现出来。在后一种情况下，获得的图像质量出奇地好。当被检测者在大脑中搜索词语或文化信息时，读文章或听音乐时，对面孔或工具进行指名时……功能图像显示大脑的不同区域在“发亮”。这一技术在基础研究中被大量应用，同时也改进了对某些神经疾病的诊断。

单光电子发射体成像（SPECT）

SPECT（源自英文的缩写词 Single Photon Emission Computed Tomo-graphy），即在人体组织中植入无防御性放射物质，然后通过一个特殊的照相机探测其放射线，再用电脑处理所获的信息，得出被探测器官的切面图像。SPECT 能够显示出在感染期间，如精神错乱或者血管意外时，脑功能的异常。

正电子 X 射线断层成像（TEP）

法国有三个研究中心应用 TEP（或者 PET，源自英文缩写 Position Emission Tomography）技术对人体的不同器官（心脏、肝、肺等）进行了非常精确的生理学研究，特别是大脑。该技术对神经递质以及大脑活化机理的认识取得了极大进展。

通过释放正电子得到的断层图像，除了对基础研究的许多领域具有重要意义外，也是诊断癫痫、帕金森病和阿尔茨海默病的一个强有力的方法。TEP 是基于与正电子相关的射线的探测，正电子是种比电子轻的基本粒子，但带的是正电。由放射性物质发出的正电子融入具有特殊生物化学性质的分子中后，借助正电子照相机，我们可以观察到分子在机体内的分布，同时通过电脑可以重组大脑的截面影像。TEP 特别适用于观察一些生理现象，比如血液的流量、人体组织中水或氧的分布、蛋白质的合成等。它能揭示在执行记忆任务时，血液流量和大脑中化学物质的变化，帮助科学家们获悉在记忆研究时，大脑中的化学系统与身体结构是如何相互作用的。

功能磁共振图像（F-IRM）

功能磁共振图像技术被用于探测某一器官在一段时间内血液分布的变化，这一测试能反映在活动增加的情况下，人体组织耗氧量的变化。将功能磁共振图像与休息状态得到的图像比较，可以研究某一器官在特定功能中的作用。比如让我们真切地“看到”记忆在实际情况下的活动。

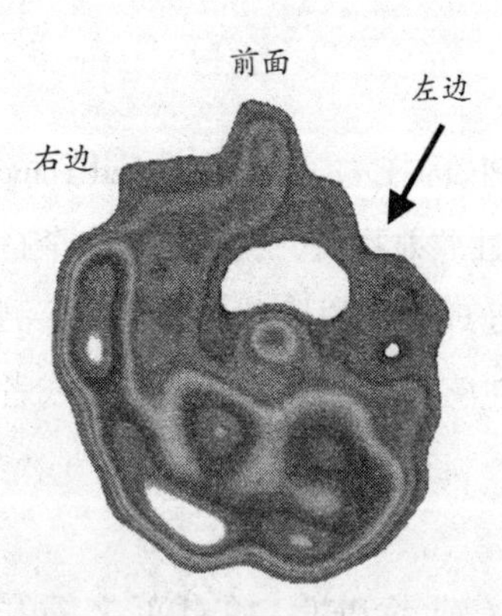

在语义错乱失常的情况下，SPECT 检查显示出大脑左边颞叶区的功能衰减。

主要用于分辨负责不同功能的大脑区域，比如视觉、听觉、记忆或者语言。被检查者在进行某些精确的脑力任务时，我们可以观察到活跃着的大脑区域。作为对传统医学成像技术的补充，能协助医生做那些非常接近脑部十字区域受损的大脑外科手术。

第二章

记忆的程序与类型

第一节

在所有状态下的注意力

你能描绘出一张 10 元钞票的正面吗？你不记得了，那是因为你从来都没有仔细地看过，然而你在无数次地使用它。这个例子很好地展示了应该如何记忆：必要的感知、注意力和动机。

有效的感知

在打电话或者对话时，没有听清楚的名字很难被记住；以不正确的方式阅读黑板或者印刷文件上的文字既不利于理解，也不利于记忆。当信息没有被很好地捕捉时，对它的分析就需要付出更大的努力，尤其是当信息不完整时，将很难被保留在长期记忆中。

通常情况下，学习条件本身也妨碍有效的感知（例如噪音干扰）。但是困难也可能源于视觉不佳或者听觉衰退，而又拒绝佩戴眼镜或者助听器。

在必要的时候需要注意力

即使感觉器官正确、完整地接收了信息，一般来说，在被存储前，信息还需要被定位和处理（分析、比较等），这就要有点警觉性和注意力了。当然，根据实现目标的不同，需要不同程度的注意力。

短期记忆比较容易受注意力的影响。大部分关于日常记忆的抱怨都源自缺乏注意力或者精神不集中，这主要是由疲劳、压力、过度劳累、焦虑或者抑郁导致的。同样，酒精、毒品（印度大麻、迷幻药）和某些药品（安眠药、镇静剂、抗抑郁剂等）也会影响注意力。

自发或被引导的动机

有时候，我们似乎无须努力或者无意识就记住了一些东西，比如某位名家的作品。而有时候，我们需要付出很多努力才能掌握某种知识，比如学校开设的一门科目。有时候，会形成一个恶性循环：在同一个起跑点竞争力弱会让人泄气并抑制学习的欲望，即使复习了，成绩仍是平平，这又进一步造成自信心的缺乏，从而使得摆在

觉醒和注意力系统

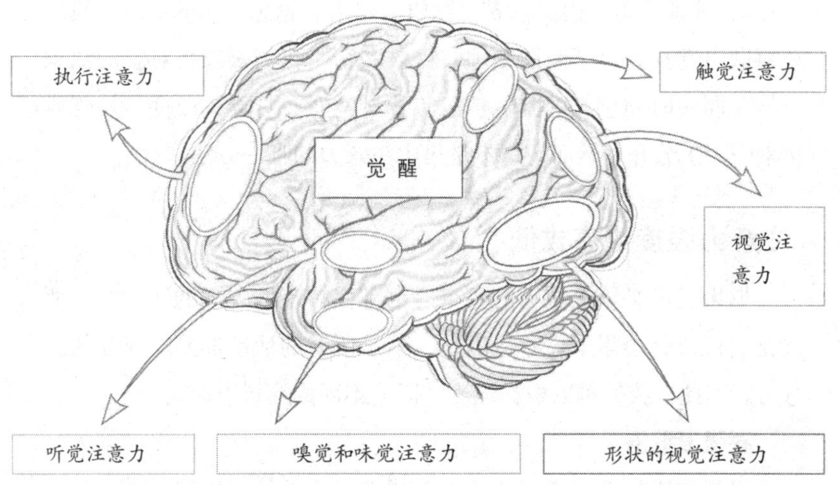

觉醒和警醒能保证大脑对突然出现的不可预料的事做出反应。另外，大脑对每个感觉领域都保持着特别的注意力，而集中注意力能让我们调动显著能力，去实现一个确定的行为和应对明显的矛盾冲突。

面前的任务变得更难以完成。

当缺乏自发的动机时，就必须求助于被引导的动机，以达到原本不太感兴趣的目标，比如为了从事某种职业或者梦想的事业而通过考试。动机越缺少自发性和对应该学的东西越不感兴趣，巩固记忆的机会就越小。在这种情况下，首先需要有意识地付出努力，包括求助相关辅助工具、确定合适的记忆技巧，以及花更多的时间重复。当面对一个新情况而非常规任务时，这些策略就更便于应用。

如果缺乏动机呢？恒心会帮助你。还有，为什么不创造一个新的激情？通常，一个奖励就足以激发我们的动机。

不同等级的注意力

注意力与记忆联系紧密。我们每一刻都收到无数来自外部世界（图像、声音等）和内部世界（欲望、感情、思想等）的信息，我们必须做出选择。为了阅读和理解一段文字，我们必须将对它的注意力与在同一时间感知的其他信息（背景噪音、灯光的改变、一阵风吹来……）分开。然而，这不是集中注意力的唯一方法。

注意力强度或高或低

如果我们必须在一天的每个时刻都保持相同程度的注意力，那么我们很快就会累了。幸运的是，不是所有的活动都要求高度的注意力。因此，我们可以根据强度，区分不同的注意力形式。

高强度警告

强烈的饥饿感或者消化不好，或者宴会的第二天起不来，甚至面对同一件事情，我们都应根据具体情况来确定需要投入的注意力。以一天为例，从苏醒状态到睡眠，可以看到一些逐渐、缓慢、非自愿的改变，这是源自生理上的需要。因此，良好的生活习惯能帮助我们集中注意力，并且提高记忆力。

阶段性警告

如果事先被警告，我们将会做出比较快的反应。这就是为什么在向某人抛东西前喊“小心”，或者按喇叭警告其他司机和行人的原因。这样一个警示信号（视觉的、听觉的、触觉的等）会引起一种短暂的注意力，使得其在极短的时间内做出有效反应。而10秒钟后，效果就不明显了，注意力的顶峰处于0.5秒到0.75秒之间。但是警示信号并不总是能够起到积极作用，有时候反而会变成干扰，造成负面效果。比如，一个司机不恰当地按了一下喇叭，警告不成反而惊吓了骑自行车的人，导致行人摔倒。

持续性注意力

上课或者听讲座、玩文字游戏、在高峰期开车……所有这些活动都需要持续性注意力，通常我们用“全神贯注”来形容。注意力障碍源于多种因素。很多情况下，我们的注意力赶不上信息到来的节奏，例如当车开得太快的时候，我们看不到某些指示牌或者障碍物。注意力也可能因为我们缺乏某些必要的能力而降低，例如当我们用一种掌握得还不是很好的外语进行对话时。也可能是我们无法转移足够的注意力去完成某项活动，例如当我们已连续听了几个讲座后精神疲倦时，我们将很难再继续专注地听完最后一个讲座。注意力衰退也可能在执行一项任务的中途产生，表现为行动速度逐渐变得缓慢，或者大脑出现“空白”，即在几秒钟内没有任何行为反应。

警觉性

对其他一些单调的活动，我们则需要另一种完全不同的注意力。一个钓鱼者应该明白在垂钓时要有耐心，并准备在鱼上钩的那一刻迅速做出反应。保安在面对几个录像屏幕时，需要注意所有特殊事件，以避免危险事故或紧急状况的发生。其实，警觉性首先是为了留意和探测非常规事物，这与持续性注意力截然不同。警觉性的功能障碍表现为判断错误、做出错误警报，或由于疏忽造成行动障碍。

时而分散、时而集中的注意力

注意力不仅在强度上有变化，还表现出极大的灵活性，在集中于一个确定的范围之前，它会首先最大量地捕捉信息。

选择性地投入注意力

研究人员给这种注意力方式起了个绰号叫“鸡尾酒宴会效应”。因为，在社交晚会上，我们能成功避开酒杯的碰撞声和其他人交谈声的干扰。日常生活中还存在很多这类情况，我们能够选择性地投入注意力。在火车站或者机场大厅，我们“滤过”嘈杂的喧闹声，竖起耳朵听广播中的提示；在商业大街，我们“忽视”各种广告信息牌，将目光锁定在一个确定的商品上；欣赏老唱片时，我们可以“略去”破坏快感的细微噪音……

注意力分配

通过分配注意力，我们可以同时完成多项任务，如在开车的时候听收音机、在做菜时打电话等。然而，我们可能会突然在一项活动上投入更多的注意力，而减弱对另一项活动的注意力，由此引发错误的行为（因此法律禁止在开车的时候打电话）。通常，同时从事多种活动的能力随着年龄的增长而减弱。年轻人可以一边听喜欢的音乐，一边复习功课；而年长者则会感到背景噪音太大，干扰阅读。

执行性注意力

显而易见，需要一种即刻控制以应对突发状况。例如，当我们阅读报纸或者看电视时，对电话铃声做出反应。执行性注意力就具备这一功能，尤其在运作记忆中，它能为在长期记忆中储存信息做准备。

第二节

感情扮演的角色

开学的第一天，结婚的那天，生孩子或者一次意外……只要稍微分析下，就会发现感情在我们的记忆中扮演着重要角色。

为什么我们更容易记住使自己感动的事

当认识到注意力和动机以关键的方式作用于记忆后，我们就会明白为什么感情也可以帮助构筑记忆了。强烈的感情不仅让我们的注意力放弃其他不太重要的信息，还会引发一个程序的开始——在接下来的几小时、几天甚至几个星期内，承载着这种感情的事件将不停地在我们脑海中重现。这期间，我们会自觉地将这件事与以前的事以及未来的计划联系起来，以便精确地确定它的时间和地点。

这就是为什么我们能更好地记住与自己相关的或感动自己的事物的原因。如果事件具有特别的悲剧性，并造成重大的压力感，它甚至能够以入侵的方式固定在记忆中。

感情在大脑中的“位置”

在大脑中，我们是否可以给感情确定一个“位置”呢？在一个记忆测试中混合着中性词（桌子、门、椅子等）和富有感情色彩的词（快乐、幸福、疼痛等），后者通常能更好地被记住。通过功能磁共振图像（参见下页图内文字）我们可以观察到，在对后者的记忆过程中，同时激活了大脑的两个区域：海马脑回和扁桃核结构。

感情在大脑中的“位置”

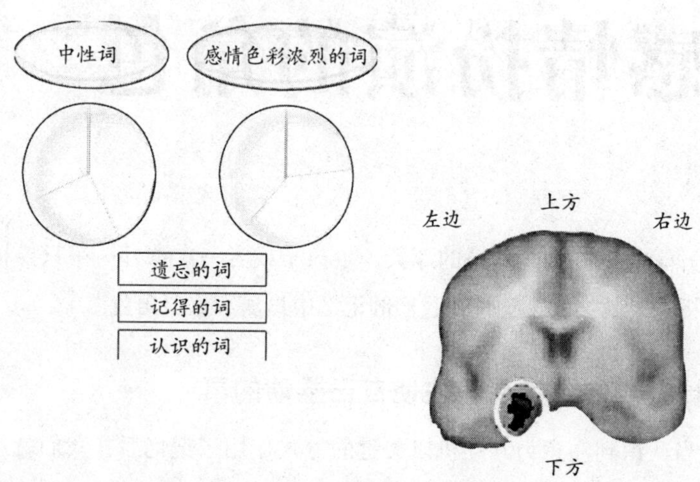

感情色彩浓烈的词更能抵抗遗忘（橙色部分）的侵蚀，并且比中性词更容易被自发地想起（蓝色部分）。正如功能磁共振图像（右边的图像）显示的那样，感情色彩浓烈的词能同时激活海马脑回和扁桃核结构。

以自我为中心的记忆

对老年人的“自传性记忆”的研究表明，一生中构筑记忆数量最多的阶段是 10 ~ 30 岁。其实，“记忆构建高峰”与我们在工作和感情生活中做出的大部分有强烈情感特征的选择时间相对应。在很久以后，我们仍然能够想起当时的许多细节和确切的时间，比如我们是如何遇到现在的配偶的（确切的情景、对方的衣着等）。不同的经历为我们的职业生涯划定了方向，偶然瞥见的通知、在班机上抓住的一次机会等。当然，这些重要的信息也是以我们的动机为前提的。

瞬间记忆

2001年9月11日，世界贸易中心被炸的时候你在做什么？1998年7月12日，世界杯足球赛决赛中法国获胜的时候呢？1997年8月31日，戴安娜王妃去世的时候呢？1969年7月21日，人类第一次踏上月球的时候呢？按年龄来说，无疑你对某些事件还是存在些“瞬间记忆”的。

强烈而清晰的记忆

“瞬间记忆”用来描述那些非常逼真、详细的记忆，就像瞬间拍下的照片，它能引发强烈的个人或集体情感，并持续很久。这种记忆可能涉及一个公共事件，也可能是个人事件——一次意外、一次感情伤害等。在前一种情况下，我们几乎经常回忆起自己是如何获知某一事件的，它是在哪个确切的时间发生的，当时我们正在做什么……

当感情阻碍记忆时

的确，轻微的压力可能带来良好的记忆效果。对一个焦虑的人来说，过多的麻烦可能使他产生超常记忆。但这通常是以降低对日常对话或对事件的注意力为代价的，因而很难记住细节。另外，基于情绪的疾病，比如抑郁症或者焦虑症，即使有些痛苦的记忆是因为当事人自己过分夸大了，但在回忆时通常还是会伴随着伤痛，有时还会妨碍患者面对真正的注意力和记忆问题。

在某些情况下，强烈的感情同样会妨碍记忆（遗忘症突发）或者阻碍某些个人回忆（功能性遗忘症）。压力是生活的自然产物。我们需要刺激，因而少量的压力（有利的压力）可能是有用的，能帮助我们保持最佳的思维警觉水平。例如，当我们需要完成一份重要的报告时。如果压力太大（不利的压力），我们就会变得惊慌和不知所措。而且在我们对它采取措施之前，生活似乎失去了控制。

第三节

被抑制的记忆

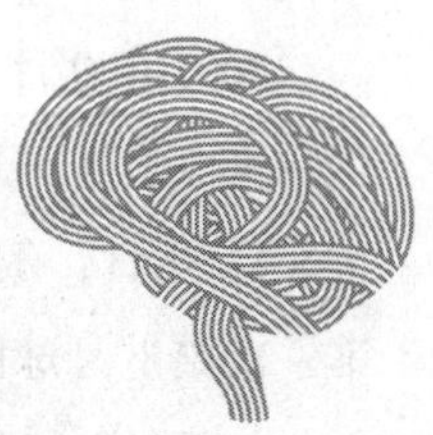

被抑制的记忆

抑制的概念是西格蒙得·弗洛伊德（1856–1939）提出的精神分析理论的核心。关于灾难的记忆、心理冲突或者负载太多感情的事

在莎士比亚的《哈姆雷特》剧中，男主角对他的母亲充满了隐含性动机的愤怒，弗洛伊德对他进行了精神分析。图为《哈姆雷特》的剧照。

件，当它们逃离意识，被“储存”在潜意识中时，称为“抑制”。但是，这些被抑制的东西试图以行为缺失、口误或者梦的形式“重回”意识中。在1901年出版的《日常生活的心理疾病》中，弗洛伊德分析了100多个源于他自己和周围人的例子，以表明“遗忘”——忘记人名、地名或者某个字，又或者口误、阅读错误等——不仅是简单的记忆衰退，还是潜意识欲望的表现。

然而，口误和行为缺失具有一些共同之处，经常涉及人名、地名、时间或词语的颠倒，如“好”和“坏”。对于一个问题“你的旅程怎样”，一个患者的回答令自己都感到吃惊“没有比这再好的了”，实际上他本来想表达相反的意思。精神分析专家经常提到一个“经典的”口误，患者本来希望谈论自己的妻子，但是他说出口的是“我的母亲”。尽管如此，很显然，每个人都有错用一个词来代替另一个词的经历。

精神分析革命

关于精神心理，弗洛伊德解释道：“一个个体的家园有多个主人。”我们做出错误的行为、口误或做梦时，受抑制的无意识欲望（精神分析学家称之为“本我”）上升成意识（也就是“自我”），从内部监督者（“超我”）的控制中脱离出来。这并非记忆功能障碍或某种精神病症状，遗忘和梦的奇怪产物都是建立在贯穿我们精神生活的复杂原动力基础上的，我们无法控制。

弗洛伊德毫不自谦地把自己提出的精神分析理论与另两大科学革命做比较——哥白尼提出的地心说和达尔文提出的进化论。

通向无意识的完美途径

如何知道哪些记忆被抑制了，或者哪些潜意识的欲望试图通过某种形式表达出来？弗洛伊德利用催眠术发展了一种精神分析

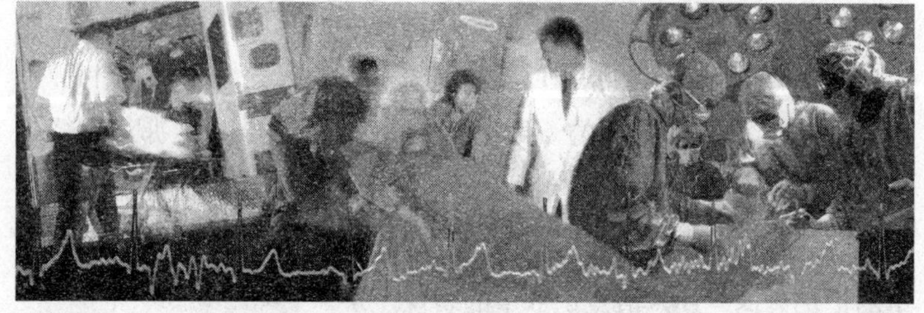

许多梦境是一个完整的事件，这个事件由连续的、生动清晰的图像构成，例如图中的实验对象，他在梦境中经历了车祸和紧急抢救。

治疗法，这种方法试图对无意识表现进行有意识的解释，尤其是梦，它被称为“通向无意识的完美途径”。在梦中，来源于现实生活的“日间残余”与被抑制的记忆相结合，因为在潜意识中“时间不存在”。

精神分析法是一种复杂的心理治疗过程。患者面对的是有意识和无意识的记忆，精神分析专家提供的是对这些记忆的解释。通过与心理分析专家的交流，有些患者童年时期未解决的矛盾冲突能在意识中重现，在心理分析专家的分析和帮助下，使得问题得以解决。

存在于幻觉和假象之间的记忆

心理分析理论甚至走得更远，对它来说，不存在被潜意识、恐惧、感情、欲望改变的记忆。因为，正是它们“冲动地投入”给我们的精神心理活动提供了动力，才使我们能“回到”过去。当精神分析专家试图找回“过去”时，他们会尽力去发现连接记忆的现实心理基础，而非真实的“历史”现实。为了揭示被隐藏的精神心理，心理分析需要进行一个扭曲幻觉的“动态”操作，这种对记忆的寻找使我们意识到，记忆若没有与其相结合的感情就永不存在。

第四节
对信息进行选择和分析

注意力、动机、重复……所有这些都很重要，但还不足以提升我们的记忆潜能。因为，记忆不以某种自动的方式，比如照相机或者录音机的方式，照原样储存信息。面对每一刻传来的多种信息，我们的大脑进行选择后只记住了其中的一部分。因此，良好的记忆力依赖大脑强大的组织能力，来消减信息的复杂性和数量，以便进行分析，并与其他信息建立联系。

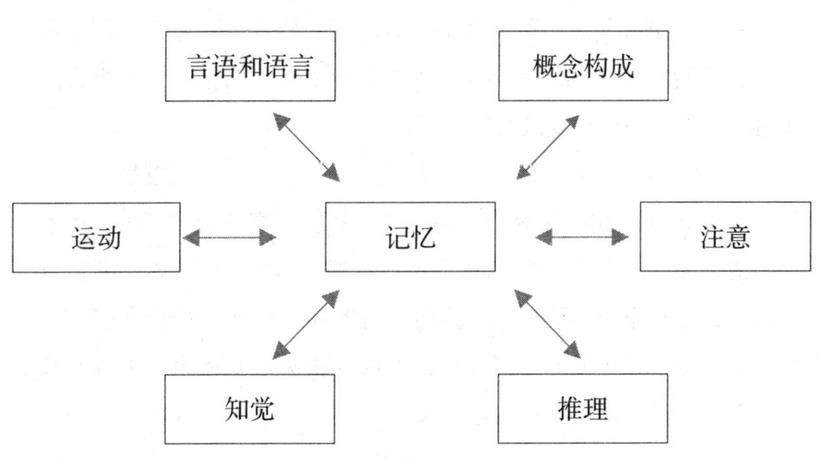

与记忆有关的几种活动类型。

寻找逻辑关系

每个人都知道，把一个10位数分成一对一对（01–35–79–11–13）比一个一个（0–1–3–5–7–9–1–1–1–3）或者作为一个整体（0135791113）来记忆要容易。除了这样简单的组合，有时候在一些数字中还存在一定的数学逻辑关系。例如在01–42–53–64–75这组数中，后四对数具有一个共同的特征：把每组的第一个数字减去2就得到第二个数字（如4–2=2）；它也符合另一个递进规律，每组中的两个数字分别加1，则得到下一对中的第一个和第二个数字（例如4+1=5，2+1=3）。

在其他情况下，也需要将信息进行分类。例如，在面对一张购物单时，我们首先根据商店，然后再根据经过商店的顺序——面包店（面包）、香料店（番茄酱）、邮局（邮票）——重组所要购买的物品。

建立联系

沙拉—醋和树木—灯，我们更容易记住哪对词？毫无疑问是第一对，因为这两个词之间存在强烈的组合关系。对信息进行组合是思维的主要手段，同样也有助于记忆。

通常组合是自发进行的，尤其适用于记忆反义词或意思互补的词。例如区分凸和凹这两个字的意思，我们只需要记住其中一个字的意思就够了，因为它们的意思是相反的。以组合的方法，我们还可以尝试记忆电话号码、亲人或朋友的生日，又或者记忆历史日期。例如某个朋友的生日是8月4日，就可以联系到1789年8月4日法国大革命开始，废除特权的那一天。

心理成像

为了确认是否锁好了住宅大门，我们有意识地回想出门前自己

测试你的组合能力

将下面八组词读给你周围的一个人听，当他记住后，你说出每组中褐色底的词，让他说出与之组合的绿色底的词。

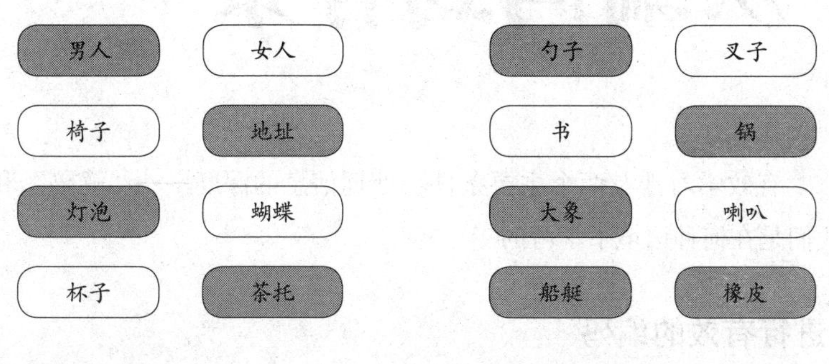

极有可能那些联系小的组合（比如书—锅）比联系大的组合（比如男人—女人）更难被记住。

正在做什么。在找眼镜时，我们经常在脑海中重现它可能被放置的地方。

心理成像不仅有助于回忆，在学习过程中也扮演着关键角色。借助于这种能力，在手头没有实际图示时，我们可以在脑海中想象一条路线，构思一个曲线图或者图表……由此可以解决许多问题，甚至可能有重大科学发现。阿尔伯特·爱因斯坦说自己曾想象骑着一束光线，并因此对光的速度产生了兴趣。实验显示，当我们构建一幅心理图像让一些词处于某个场景中时，记忆效果比只是简单的重复要好两倍。

在日常生活中，可以通过心理成像记住人名、地名、新词汇，甚至一门外语词汇。为十字或者白色这样的名词构建一幅心理图像非常容易，而其他的词可能要求更多的想象力。与广为流传的观点相反，心理图像并不一定要拥有“奇怪”的特征。

第五节
从编码到背景

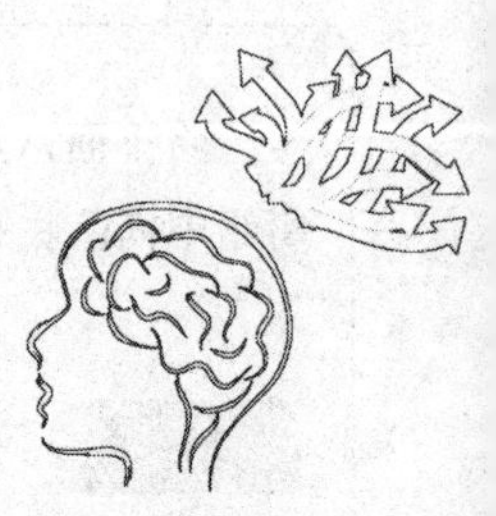

有效学习涉及两个主要条件：处理信息的深度——“解码”和我们是在何种语境下学习的。

进行有效的编码

对学习内容进行分析有助于记忆。但是应该遵循什么原则来优化这种分析呢？为了回答这个问题，心理学家设计了一些实验来实践不同的编码方式。

形状、声音和语义

当我们在大脑中“操纵”一条信息时，会进行不同类型的分析——书写（CYGNE：是小写还是大写）、发音（enfant：这个词是否与“elephant”具有同一个韵律）或者语义（葡萄：用来酿造葡萄酒）。

心理学家所做的各种实验表明，最后一种处理方式——自问词汇的意思，而非发音或者书写形式——有助于更好地记忆，这一过程经过了一个更为深入的分析。因此，这通常是我们学习时最经常的自发性处理方式。由此可见，在记忆领域也一样，“最好不要只相信表面”。

联系自我进行记忆

如果成功地在信息与自我之间建立联系，很有可能改善我们的记忆能力。为了记住像“过滤器”这样普通的词，可以联想自己曾经弄坏了一个过滤器，另一个借给了邻居，在一个月前我们买了第三个。这一过程叫作“自我参考”，能最大限度地调动我们的精神重心，从而强化词汇在长期记忆中的痕迹。

根据目标调整编码

我们是否必须不惜任何代价地弄清楚一个词的意思，或者将其与我们的个人生活联系在一起？事实上，我们还需要考虑到信息的不同类型。如果需要记住的是一篇散文，最好把注意力集中在它所要表达的意思上。但是，如果要背诵一首诗歌，最好注意诗句的节奏及韵律，这些才是易化记忆的有用线索。至于诗歌的意思，在回忆的时候它将帮助重组诗歌的主题。

不要忽略背景环境

谁没有过这种令人难堪的经历：在路上遇到一个认识的人，但是怎么也想不起来他的名字……直到在“习惯性”的环境中重新见到他的时候才知道，原来他就是我们每天去买面包的面包店的售货员，或者是我们常去看的牙医的助手。

事实上，一个信息的所有元素还包括我们记忆时所依靠的背景环境，它们常常在不为我们所知的情况下被记住了，正如一些生理现象（饥饿、口渴、快乐、兴奋、呼吸加快、心跳等），还有一些背景则是我们能识别的，如时间和地点。

潜入水中学习

1975 年，英国心理学家邓肯·戈顿和艾伦·巴德雷做了一个实验，要求一个大学俱乐部的潜水员分成两组学习 40 个词，第一组潜入水中学习，第二组坐在沙滩上学习。然后要求每一组的一部分成员在水中回忆，另一部分成员在沙滩上回忆。结果，第一组在水中回忆的人平均记住 11 ~ 12 个词，而在沙滩上回忆的人平均记住 8 ~ 9 个词；第二组在沙滩上回忆的人大约能记住 14 个词汇，而在水中回忆的人平均记住 8 ~ 9 个词。

也就是说，面对同等的要求，当回忆和学习的背景环境相同时效果更好。通过对饮用酒精或者吸食大麻的人的观测，也证实了这一结论。

“令人难忘的演出……”

如何使演出令人难以忘怀？美国心理学家杰罗姆·瑟赫斯特考察了城市大剧院的演出，他询问了25年里的观众对284场演出的记忆。结果发现，被记得最牢的是一个歌手或者乐队指挥的名字。一个四人专家评委组给出的解释是，这些人在公众中特别“引人注目”。有感情才能有特征——初次表演或第一次和爱人约会的地方——我们才能将日期或地点记得更牢。

另一方面我们发现，人们能够更好地记住具有积极意义的词（快乐、幸福等），除非一个人具有阴暗的情绪或者患有抑郁症，描述不愉悦东西的词（害怕、恐怖等）才更容易被记住。

像在水中的鱼

英国心理学家巴德雷和戈顿做过一个实验，要求一个大学潜水俱乐部的会员学习一列词，一部分人在水中学习，另一部分人在沙滩上学习。结果，取得最好成绩的是当回忆和学习的背景环境相同的时候。

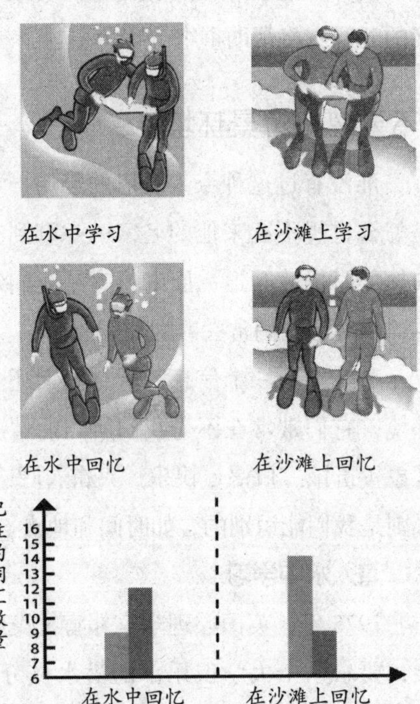

记忆的“回归”

“2003 年 8 月到达萨那希时，我想起 2000 年夏季的一些经历。”重新进入我们获得信息的背景，回忆会变得更容易。这种记忆的“回归”可能是自觉的或者是不自觉的。有时候，学习时背景环境的独一性足以使得大量细节重新涌现出来：你住所附近新开的一家意大利餐厅的一份佳肴，就有可能引发出曾经在意大利的一次旅行的回忆。

相反，有时候由于背景环境的改变，我们无法想起一些事：在考试的时候，我们无法想起一些课程细节，而这些我们在家里复习过了，并且已经很好地掌握了。

为了解释这种现象，心理学家提出特殊的编码原则：如果学习和回忆的背景环境相同，那么我们的记忆更有效。例如，当我们想找回某个记忆时，有时候“往回走”是很有用的，也就是在脑海中重新经历当时的过程。

古代哲学家把记忆比作大型鸟笼中的鸟。一旦信息被储存，要想再提取那个正确的记忆，就如同如何从大型鸟笼中抓住那只特别的虎皮鹦鹉一样难。

第六节

双重编码

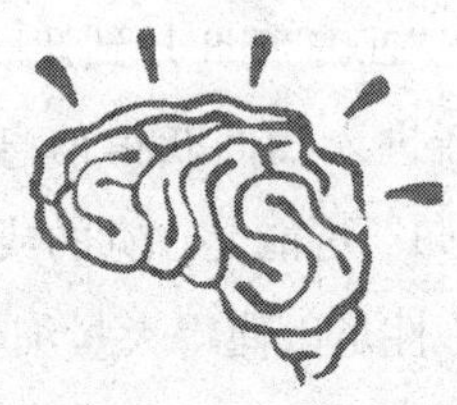

大脑由两个半球组成，它们各自以不同的方式发挥作用，同时又相互协作。

“我把钥匙放在哪儿了？”

这个日常生活中常见的问题能调动大量的记忆资源。一次内省就足以说明这一点。我们“看见”钥匙，感觉它就在手中，并在锁眼里“转动”，我们尽力回想当时的环境背景和准确时间，以及和别人的谈话，有时同时进行的其他事情会干扰我们对放置钥匙的常规记忆。

用神经心理学家的话来说，对这样的任务我们既需要情景记忆，也需要语义的、程序性的记忆。尽管所有回想起来的信息——视觉的、口头的、语义的、行为的等——都与“钥匙”有关，但它们是

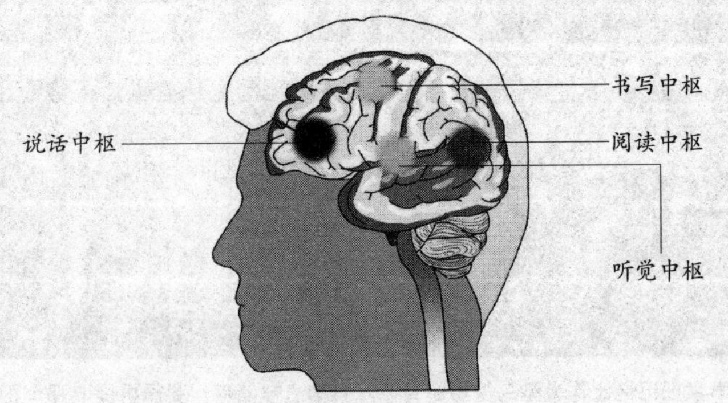

左侧大脑皮质上，分布着人类特有的四个语言中枢。

在大脑的不同区域里被处理的。借助神经元回路，这些联系才得以在两个脑半球中被激活。

脑半球的分工和协作

大脑半球的专业化致使语言发展的最主要部分与左脑半球相连。当我们学习或者回忆语义信息时，例如一组词或者一首诗歌，由左脑半球的记忆系统负责。而当信息具有视觉的或空间的属性时，右脑半球将参与进来。例如，当我们记忆一条路线或者辨认一张面孔时。每个脑半球处理信息的编码方式不同。

视觉信息和口头信息

语言在我们的精神活动中扮演着一个如此关键的角色，以至口头分析可能参与像记忆路线或者面孔这样的任务。功能核磁共振图像技术使我们可以看到在执行给定任务时大脑的活动区域，通常右海马脑回负责通过视觉辨认面孔，而左海马脑回用于搜寻对应的人名。为了确定名字和面孔的对应关系，活动是双边的。然而，应该注意两个脑半球也有其相对独立性。在大脑一边受损的情况下，另一边脑半球几乎仍可以保证正常的记忆功能。

分析处理和总体处理

另外，根据某些经验，“口头”和“非口头”的区别并不总是足以解释两个脑半球各自扮演的特殊角色，它们的专门化可能并不只是与信息的属性有关，而且还与信息如何被处理有关。左脑半球可能负责分析和暂时的处理，以逻辑的方式或者根据表达的意思将信息分类。而右脑半球可能进行一个总体处理以建立空间关系，或者根据形态和感情的指示将信息分类。无论如何，我们的精神活动经常要求两个脑半球同时参与。依赖于双重编码的记忆会更有效，因此，阅读是最好的学习方法之一。

语言：左脑半球负责管理，右脑半球负责补充

几乎所有的右撇子和大多数的左撇子，都是由左脑半球掌控与语言相关的精神活动。但是，右脑半球也能够记忆简短的词，特别是有着具体意思、能引起强烈的视觉图像或者负载着感情的词。一个词或者一句话的表面意思由左脑半球负责，而对其隐喻意的分析则需要右脑半球的参与。

空间：右脑半球负责管理，左脑半球负责补充

空间管理更多地依赖于右脑半球。当我们在空间中定位，或者学习一条新的路线、辨认一个标志时，比如一栋楼房，将由右海马脑回及其相邻区域负责掌控。同时，右脑半球也记录了一些口头编码："在第三个红绿灯后向右拐……"

其实，每个脑半球都可能与一些特殊的定位方式有关。在一个不太熟悉的环境中，或者面对一条复杂的路线，我们倾向于自己设定一些路标默想出一张路线图，这些"路标"会刺激右海马脑回。另一方面，对线路的整体处理和设计则需要依靠左海马脑回。但是，这种任务的分工可能不只是人类特有的，因为这种任务的分工也能在鸡的身上被观察到！

大脑的可塑性

我们对大脑功能的许多认识都来源于对疾病的研究。受损的大脑区域可以帮助我们对引起大脑损伤的功能障碍进行研究。在脑病例中，患者最初多进行颞瓣（海马脑回中）内部双边切除，以根治难医的癫痫，使病人手术后不记得新近的事情。

相反，当两个脑半球中的一边受伤或者被切除时，另一边通常能够以近乎正常的方式保证日常生活所需的大部分功能。除非进行精确的测试，才会体现出某些能力的缺失。

第七节
当记忆背叛我们

我们突然想不起某个常用的词，我们一直认为正确的东西却被证明是错的……我们的记忆不总是完美的。那么，关于我们自己的经历呢？生动的细节能保证它们的真实性吗？我们能否相信自己的直觉？当把所有这些记忆都当真时，我们能否为自己的直觉而骄傲？

如何知道是真的还是假的

验证记忆是否忠实于现实，这并不容易。如果存在几种说法，在没有“客观”证据时，如何考虑到方方面面来下结论？然而，当不同的人（例如同一个家庭的成员）对同一事件（他们中的一个人童年时期突发的一件事）拥有相同的记忆时，难道不是这些年来达成的共识？许多逸事由于被多次复述会变得更美好，难道我们就不会使它变得越来越远离真实？那么，是否存在一些判断依据来区分真实和虚假的记忆呢？

瞬间记忆

“当获知以下事件时，你正在做什么？肯尼迪总统被暗杀时，前披头士成员约翰·列侬被杀时，埃及总统安瓦尔·萨达特遇刺时，戴安娜王妃发生车祸时，‘挑战者’号航天飞机爆炸时……”所有这些事件都是精神心理分析家用来研究瞬间记忆的材料。一段带有强烈感情的鲜明而详细的记忆能持续多年，但常常被错误地用来与瞬

1986 年 1 月 28 日，"挑战者"号在升空后 73 秒时，爆炸解体坠毁。现场观众震惊不已，这是人们的瞬间记忆，然而几年后有些人的说法却有所改变。

间成像相比较。通过公众对重大事件的描述，心理学家可以比较一个为数众多的群体的记忆。在事发后的不同时间段（事后一天或几年）进行调查，能够分离出关于这些事件的记忆的特殊性：清晰度、细节的数量和类型、连贯性等。

"挑战者"号航天飞机爆炸

1986 年，一个研究小组记录了在该事故发生时一群学生的活动。三年后，研究小组重新联系这些学生进行询问。结果，大约 44% 的人有所改动，有些人的说法变得简单，有一些人的说法则变得复杂。后来的描述变得丰富或与第一次描述截然相反的，是对自己的记忆极度自信的一类人，不管再过多久，他们的描述都不再改变或添加。

确信与真实不一定一致

瞬间记忆鲜明而详细的特点与由此产生的确信，都无法确保其真实性。那么这种确信从哪儿来？主要是通过伴随记忆的鲜明感觉和精确细节来发挥效力。对真实事件的改变和附加仅仅是"善于讲故事的人”的装饰，有时候，新的元素在不为我们所知的情况下悄悄地潜入我们的记忆中。

修改记忆

一般，瞬间记忆的真实性问题并不太具有重要性。但是，如果在司法背景下判断记忆是否精确则是另一回事。打比方来说，被传唤来的目击证人在陈述事故时，其可靠性到底有多大呢？

诱导效应

在一个实验中，美国心理学家伊丽莎白·罗福特和约翰·帕默放映了七段关于交通事故的短片。在观看完短片后，他们让被测者描述观察到的场景，然后回答一系列问题，其中一个问题是“汽车在相接触时的速度大概是多少”。但这个问题不是以同样的方式向所有人提出的，对不同的被测者，“相接触”这个词可能用“相撞”“相碰”等。结论验证了研究人员的假设，如果使用的是“较强

创造虚假的记忆

这是一个非常简单的实验，慢慢地读出下面的词，让被测者记住。

过几分钟后，让被测者说出自己听到的词。有超过一半的人可能会给出与医学相关的其他词，比如“医生”，但是这个词并没出现在列表中。

我们的记忆不是永不衰退的。正如这个实验显示的，57%的被测者肯定自己听到了一个在这里并不存在的词，但肯定的态度并不足以保证记忆的真实性。

烈”的词，得到的是一个较高的数字评估：使用较弱的词时估计的平均速度是 50 千米 / 小时，当提到猛烈碰撞时估计的平均速度达到 65 千米 / 小时。

错误信息效应

另一个实验中，在被测者观看一段交通事故短片后，分别给他们一份关于这起交通事故的书面报告。一半报告中存在部分错误信息，例如用“停车”指示牌代替了短片中的“让行”指示牌。然而，当研究人员询问被测者看到的是“停车”指示牌还是“让行”指示牌时，15% ~ 20% 的人确定看到的是“停车”指示牌。

权威肯定效应

美国心理学家索尔·卡森设计了一个实验，被测者在一个实验助手的监督下用电脑输入一段话。事先，他们被警告不要触碰 Option（ALT）键，否则电脑可能会“死机”，并且资料将丢失。实验中，电脑突然自动地“停止”，然后实验助手指责被测者触碰了 Option 键，刚开始被测者都否认。事实上，没有任何人按了那个键。在一半的情况下，实验助手假装看到被测者按了 Option 键；另一半的情况下，他假装什么也没看见。接着，实验人员制定了一份坦白书要求被测者签字，69% 的人签了字，其中 28% 的人相信自己按了 Option 键。被实验助手指控并打字极快的被测者全部都签了字，并且 65% 的人承认是自己的错，甚至 35% 的人还创造了某些细节来确认自己的罪行！

错误的记忆

大量实验表明，只要某些条件汇聚在一起，就可以制造出虚假的经历。例如，借助一张假照片，并请一个亲戚做同谋，或者先要求被测者想象一件本可能会发生的事。实验设计者成功地在大约 1/4 的被测者中，“制造”了一个被认为发生在他们童年时代的事件，而

一段矛盾的对话

这段对话节选自文森特·米内利的音乐剧《金粉世界》（1958年），主人公玛米塔和奥诺雷回想起很久以前他们的最后一次约会。随着这段美妙的二重唱的开始，观众会发现他们的记忆并不完全相同。他们两个谁是正确的呢？

奥诺雷：哦，对！我清楚地记得敞篷的四轮马车在急驰。

玛米塔：我们是走路的！

奥诺雷：你丢了一只手套……

玛米塔：是一把梳子！

奥诺雷：哦，对！我清楚地记得强烈的阳光。

玛米塔：当时在下雨！

奥诺雷：那些俄罗斯歌曲……

玛米塔：是西班牙歌曲！

奥诺雷：哦，对！我清楚地记得你那镶着金色花边的裙子。

玛米塔：我那天穿着一身蓝！

……

事实上所有的细节都是杜撰的。这些虚构的事件包括乘热气球旅行、游览迪士尼乐园、住院、被野兽袭击、和马戏团小丑一起过生日、在停车场捡到一张银行支票，或者在一个商业中心走失后发生的各种意外等。一个研究小组让被测者相信自己参与了一个改善新生儿视觉和运动能力的研究项目，甚至诱导他们“想起”在出生的第二天，看见自己的床头挂着一个彩色的活动玩具！

“被抑制”的记忆

19世纪80年代和90年代的几起案件引发了对美国司法的流言蜚语。在每起案件中，都有一个成年人指控家庭成员或者周围的人在她童年或青少年时对自己进行了性虐待。她们都宣称自己是受害者，然而她们并没有任何记忆，直到十多年后她们去进行心理治疗时才重新想起。心理治疗将她们现在的痛苦（抑郁、失业或爱情失败等）归因于童年遭受的性强暴。

大部分被受理的案件都对被告给予了重判和巨额赔款，还有一些案件则被驳回。一个成年女子指控自己的父亲在她 7 ~ 14 岁时经常性地强暴她，并且连续两次强迫她堕胎，然而医疗检查表明她还是个处女。在某些病例中，一些不负责任的或运用特殊疗法（比如催眠）的精神治疗师都遭到了起诉。

有争议的儿童记忆

常言道“童言无忌”。那么，儿童的记忆带来的又是什么？他们的记忆总是真实的吗？是否被“狡猾的”成人意见影响了呢？

萨姆·斯通的故事

这是 1995 年做的一个实验，一群孩子事先听了许多关于一个名叫萨姆·斯通的陌生人的不良评论。之后，“萨姆·斯通”来到教室待了几分钟，并和蔼可亲地与孩子们进行交谈。但当孩子们被问到“萨姆·斯通”是否会做出可能令人不快的事情时，比如撕书、弄脏毛绒小熊，在 3 ~ 4 岁的孩子中，五个中有一个肯定自己看到“萨姆·斯通”犯了错，实际上他完全没错。当研究人员提出倾向性的问题时，接近一半的孩子指控“萨姆·斯通”犯了错。而在年龄大些，约 5 ~ 6 岁的孩子中，六个孩子里只有一个提到“嫌疑人”可能

在法庭上，律师经常采用一些提示帮助见证人回忆起某些细节。

会犯错。而且孩子们关于“萨姆·斯通”犯错过程的叙述颇为详细，好像真有那么回事一样。

对错误的顺从

大量实验表明，学龄前儿童或更小的孩子更易受教唆。但由于成年人歪曲事实的可能性更大，因此许多案件都依靠儿童的证词。

坦率性的问题（“发生了什么？”）更有可能得到一个可靠的证词。相反，倾向性的问题（“他是这么做的还是那么做的？”）即使问好几次，也会降低获得真实答案的可能性，就像孩子们面对强制性的选择时（“白的还是黑的？”）经常会回答“我不知道”。

然而，坦率性的问题被反复提出，就可能促使儿童认为自己的第一个答案不太正确，从而做些改变去顺从成年人的期许。事实上，无论是明确的还是含糊的威胁或承诺，儿童都格外敏感。

最后，与预计的相反，儿童不再像鹦鹉学舌那样单纯地复述，而是提供更富有想象力的证词，甚至可以骗过最有经验的专业人员。

毫无疑问，为了取得成年人和获得成年人的信任，让儿童的记忆在压力下更为脆弱。

如何改善听证

现今，司法人员和社会工作人员对记忆的陷阱更有意识了。为了准确判断见证人或控告方证词的可信度，他们经常借助磁带录音，以避免压力下太过假设性的询问给见证人植入错误的信息。但是，除了需要注意这些外，如何帮助见证人回忆起某些细节？不同的研究表明，通过提问“当时发生了什么”并不总是能得到最丰富和最精确的见证。最好要求见证人重新回忆当时的总体背景，融入感情中，改变视角，例如从罪犯的视角，而非按事发的时间顺序陈述。取证人员有时候会鼓励见证人说出在脑海中出现的所有东西，包括不起眼的细节。

第八节

无遗忘的记忆点

我们记不起来了，是因为我们已经遗忘了吗？遗忘是记忆的反面吗？记忆的痕迹将从我们的大脑中消失吗？是否被其他的、更近的代替了呢？或者它们总是在那儿，只是我们再也想不起来了？

遗忘和时间

随着时间的流逝，我们的记忆似乎越来越模糊不清，并且因不精确而变得缺乏效率。对遗忘的研究是心理学家一直以来主要关注的领域。

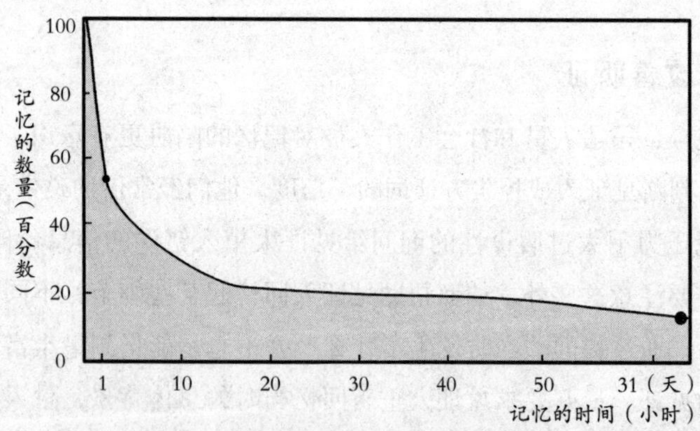

19 世纪，德国心理学家赫尔曼·艾宾浩斯通过对经验论关于记忆的区别和本质的研究，发现要记住一系列无联系的音节所需要的曝光量。艾宾浩斯曲线显示（如图）：大部分新信息在一个小时内被遗忘；一个月后，80% 被遗忘。遗忘曲线在心情压抑时起伏很大。

遗忘曲线

心理学家赫尔曼·艾宾浩斯（1850–1909）是实验心理学家和研究记忆的创始人之一。在19世纪80年代，他研究了人们通常以怎样的节奏学习和遗忘。

赫尔曼创造了几千个没有意义的音节来减弱对已获知识的影响。在一个包含14000多个学习场景的实验中，赫尔曼试图记忆400列这样的音节。实验中，他先衡量自己第一次记住这样一列音节时所需的时间，然后第二次记住所需的时间：如果第一次尝试时他需要20次才能记住，那么，一个星期后他只需要10次。他还揭示了记忆迅速跌落的情况：20分钟后只有60%的音节被记住，9个小时后只能记得33%，而一个星期后只能记得25%，最后大约20%的音节在一个月后仍被稳定地记住。赫尔曼发现，如果多次学习或者不断重复，记忆得会更好。

永久存储

赫尔曼的这一发现可能使人惊讶，但需要注意的是，他所学的音节是没有意义的，并且经常更新。

1984年，美国心理学家海瑞·巴瑞克研究了一些学生是以什么样的节奏遗忘所学的西班牙语词汇的——他们从来不使用，并且也

有证据证明，记忆不仅储存在大脑里，很有可能会储存在全身各个地方。科学家相信，循环系统中缩氨酸分子通过血管到达全身。另外，记忆有可能会存在于身体组织中（细胞记忆），这能通过接受器官移植（特别是心脏移植）的那些病人拥有和捐献者相仿的性格特点证明。这就引发了一个问题，记忆到底是由什么组成的？

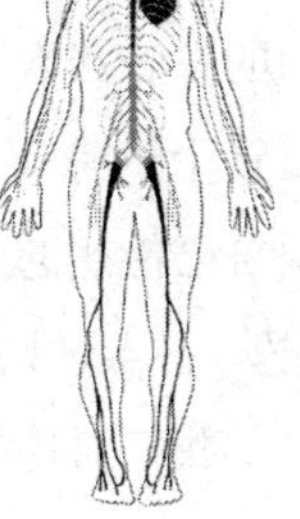

如何避免“舌尖”现象

你应该注意以下情况，以便避免“舌尖”现象的发生。

- ■精神不集中或被打扰。
- ■焦虑、压力大、性急。
- ■兴奋或者抑郁。
- ■疲劳或者生病。
- ■酗酒或者吸毒。
- ■缺少日常知识的积累。
- ■生活缺少变化。
- ■受时间影响无法进行思考整理。

如果你有上述情况，请你注意以下几个方面。

- ■快速记忆你想要记住的事情。
- ■用相关的图像或声音帮助记忆。
- ■放慢节奏，注意休息。
- ■恢复理智，集中精神，排除干扰。
- ■在合适的时间去记忆新的东西。

不再重新学习。与赫尔曼一样，巴瑞克发现在最初的 3 年里有一个明显的跌落，之后在接下来的 25 年中，被测试的人仍然能够记住大约 60% 的词汇。从第 8 个月开始出现的逐渐而缓慢地遗忘可能与年龄有关，然而，在 50 岁之后仍然记得将近 40% 的词汇！如果只涉及认出词汇及其意思，这一比率还会更高。巴赫克将这一现象解释为“永久存储”。

“舌尖”现象

我们无法想起某人的名字，忘了一个电话号码……然而，它们就在嘴边，只是一时想不起来。当我们尝试找出它们时，先预知它们的发音或者长度，试图逐步地接近它们，同时消除某些摆在它们位置上的障碍。通常，我们拒绝所有的帮助——“等等，先别说，我自己能想起来……”有时候它们会突然出现，有时候则继续“躲藏”，甚至“妨碍我们睡觉”。

我们对这种现象似乎已经习以为常。其实这种现象叫作“舌尖”现象。从 20 世纪 60 年代中期开始，认知心理学家们就对这种头脑堵塞或记忆暂时缺失进行了研究。

一个仍未被弄清楚的现象

随着年龄的增长，这种现象将更经常地出现，并且在一天内可能出现好几次，甚至是那些熟悉的字词或者人名。至今心理学家还未能很好地解释此现象，有时它可能与记忆衰退有关。

总之，当最初的尝试不成功时一定不要固执，最好是把注意力转移到别的话题上去，说不定第二天那个词“自己”就出现了。似乎这种“奇迹般地”出现有时候归因于我们刚听到的一个词的发音与要找的那个词的发音相近，或者是别的线索成功地引导。例如，最近非常无奈，老是想不起 compound 这个词，于是就在脑海中想象一个疯狂的科学家在做实验，他把两种物质混合到一起，而且想象 composition 这个词的发音来帮助我记忆，自从这么做之后，就再也不会忘记 compound 这个词了。

遗忘理论

记忆不是只有一种形式，同样，遗忘也不是仅有一种类型。心理学家提出不同的遗忘理论来解释记忆的衰退或个别遗忘的现象。

随着时间的推移而抹去的痕迹

随着时间的推移，记忆痕迹可能从我们的大脑中消失。这一理论看似很简单，却引出了很多问题。如何解释一个似乎消失的信息又突然重新出现，马塞尔·普鲁斯特在《追忆似水年华》中描写的情景又是如何发生的……

持续的痕迹，还是一些痕迹取代了另一些

想象一下你刚刚搬家，你家的电话号码随之也改变了。第二天，你遇到一个朋友，他想知道你的电话号码。然而只有以前的电话号码在你的脑子里。几个星期后，你终于记住了新的电话号码，当某个人问你：“其实，你以前的电话号码是多少？”几乎可以确定的是，

记忆力测试

下面你会看到 15 件日常生活用品，仔细看 1 分钟，然后遮住图片，尽力回想你刚才看见的物品。

新电话号码已占据了你的意识，而旧的号码从此“脱离”你了。

更新的和与我们有更直接关系的信息将取代那些变得无用的信息，但旧的信息并不因此被系统地“搅碎”，并有可能成为干扰的来源。在一个左边行车的国家，我们会发现在开始几天过马路时自己总是习惯性先向右看车。这种干扰也可以用来解释“舌尖”现象。这是因为不同记忆线索之间存在冲突，还是编码本身不完善？

不太容易接近的记忆痕迹

很多遗忘的情形表明，要找的某条信息就存储在大脑的某个地方，但我们不能到达那里。这可能也是对“舌尖”现象的解释。有时候，一个线索就足以找到所有的记忆，但有时只有通过比较和辨认才能成功地回想起来。

巩固不足的记忆痕迹

几乎我们所有人都有过由于没有很好的复习功课，第二天回答不出问题的经历。学习效果不佳会加剧遗忘的危机，原因有多种，如注意力降低、感情太强烈等。

并且不要忘记，学习效果不佳通常会导致所有的遗忘。另一方面，如果我们的记忆是“完美无缺”的，那么我们将不再可能忘记那些无用的和可怕的东西。

第九节

记忆的三个关键阶段

学习、储存、重组是记忆的三个基本阶段。第一个阶段确保暂时记住信息，第二个阶段是尽可能长时间地保存信息，第三个阶段是在需要的时候把信息取出来。

“似曾相识”现象已经被“双重意识”理论解释，即我们突然感觉到自己正在意识到周边环境唤起了新的感官上的瞬时失真，这种失真感觉像是记忆。

记忆的三个基本阶段

第一阶段：学习。大脑不像照相机或者录音机那样“工作”。为了记住感觉器官捕捉到的信息，大脑必须通过不同的程序创造持续的痕迹，给信息以更深的意义。因此，大脑需要在信息和被感知的环境之间建立联系。例如，当我们重温假期生活时，如果重新回到事发地点，或者经历的某一事件蕴含着强烈的感情，我们就能更好地回忆起来。反之，强烈的压力感将会阻碍回忆。

第二阶段：储存。信息不是以把东西放在仓库或商店里的方式存储在大脑中，因此信息的记忆需要被“巩固”。我们时刻面临着遗忘的挑战，因此必须“强化”记忆痕迹，以增加信息被长期保存的机会。反复学习有助于巩固知识，并延长记忆。

第三阶段：重组。当然，记忆的目的是为了以后的再利用。有时候，我们能毫不费力地想起一些事情。而有些时候，话就在嘴边，但是我们需要一个线索才能回想起来。事实上，存在三种方式来“找回”记忆。

自由回忆

这种回忆是最困难的。在日常生活中，常以开放式问题的方式出现，例如“你昨天晚上吃了什么甜品”。而在关于记忆障碍的会诊时，医生或者心理学家会询问被测试者：“请告诉我你刚才学的四个词。”

借助线索易化回忆

这种回忆可以依赖于某种辅助条件来减少可能的答案。比如，在上面的第一个问题中加入一条普通的信息，“那是一种主要原料为苹果的甜品”。在第二种情况下，医生和心理学家也给出了线索：“它有可能涉及一棵树、一种鸟、一种乐器或一种水果。”

通过识别易化回忆

在这种情况下，可以在不同的可能性中选择答案。比如，第一个问题会变成“涉及一个苹果夹心蛋糕、黄油面包片还是一盒苹果酱”。在第二种情况下，医生和心理学家将给出提示：“在以下八个词中找出那四个词：鹳、李子、铃鼓、山毛榉、乌鸦、竖琴、桦树、菠萝。”

记忆总是有意识的吗

我们必须意识到“信息”这个词的意义是非常广泛的，它可能涉及图像和声音，比如一场电影；可能涉及经历的感情，比如谈话时的快乐、打高尔夫时一个难掌握的姿势；也可能涉及一种抽象的规则，例如扑克牌的玩法。

自觉和不自觉地记忆

记忆自身能够以自觉或者不自觉地方式进行。例如，上课或者听讲座，我们会有意识地去记住讲解的内容。然而，在日常生活中存在很多情形，有时候不重要的信息在我们不知道的时候也被记住了。例如，我们并没有特意去尝试，却记住了一个与我们擦肩而过的女孩的裙子的颜色。

行为的自动化

行为本身也可能是潜意识的。我们有意识地去学习各种运动动作，例如骑自行车、游泳、滑冰等。通过不断地重复实践，我们便能以潜意识的方式完成这些运动，就像自动化那样。

我们能够改善记忆力吗

记忆痕迹如果以有效的方式被巩固，将会保持得更持久。大多数记忆策略通常是针对第一和第二阶段的，也就是说学习和储存阶段。有一些记忆策略是非常简单的，你将在下面的文章中找到极好的例子、技巧和建议。另外，必须记住，良好的睡眠有助于将白天学过的东西在记忆中加固。

第十节

临时记忆

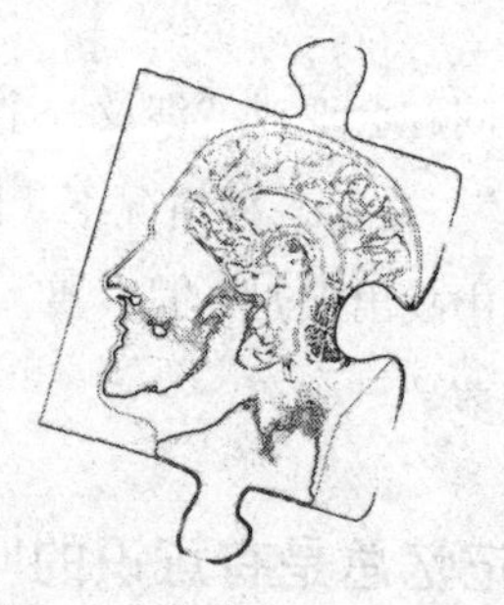

大脑不能以直接和即刻的方式储存信息。在构筑永久记忆痕迹之前，需要经过两个临时阶段。首先，大脑在很短的时间内，在感觉记忆中保存来自不同感觉器官的信息。然后，在短期记忆或运作记忆中进行处理，如果必要的话，准备永久储存。临时记忆的有限性构成了对我们智力功能最主要的约束。

感官记忆

感觉器官把信息传递到特殊的大脑区域，在那里信息被分析，并创造一种在意识中持续很短时间就消失的思维轨迹，听觉平均为2～3秒，但对于最易诱发的感觉记忆有时会达到10秒。

那么，如何解释视觉感官记忆和听觉感官记忆历时的不同？阅读是非常慢的！我们每秒钟只能阅读一个单词。为了理解一段较长的口语，几秒钟并不算长。事实上，我们周围的视觉元素是如此多，以至我们通过眼睛、头或者身体的移动感知时，图像很快就混合在一起了，大脑即刻出现饱和。视觉记忆（也称为图像记忆）创造的记忆痕迹持续时间不超过1/10秒，而听觉记忆（或声音记忆）经常面临的是密度不高的感知，它需要的是延长分析的时间。

短期记忆

一个朋友告诉你他的电话号码，你大声重复或者默念了几遍，以便过后能够写入电话本中。然而，一旦朋友再次跟你讲话，并且……哦！电话号码就从你的脑海中消失了。

这个例子生动地描述了短期记忆的运作方式，大脑能在短暂的时间内精确地保留一条信息，一旦出现新信息或者干扰事件后，先前的记忆就消失了。

转瞬即逝的记忆

正如感觉记忆一样，短期记忆只能在一个很短的时间内保存接收到的信息，平均 20 ~ 30 秒，如果需要的话可达 90 秒。与广为流传的错误观点相反，短期记忆不是用来记忆在最近的、先前的几个小时或者几天前发生的事情，它只是非常短暂的储存。

短期记忆的有限性

同样，短期记忆只包括一定数量的元素，一般在 5 ~ 9 个之间。根据个人和年龄的不同，这个数量会有变化。为什么信息在短期记忆中会这么快地消失呢？

脆弱的记忆

短期记忆对所有干扰注意力的东西都非常敏感。轻微的注意力分散，例如一个干扰噪音，有时候都可能影响其功能。另外，压力、劳累过度、焦虑、抑郁以及某些疾病，或者酒精和某些药物（镇静剂、安定药和某些抗抑郁的药）也会影响其效率。

如何测试短期记忆

一个测试短期记忆能力的简单方法是，要求被测试者记住一系列逐渐增长的数字，然后再按照顺序重复出来。心理学家用“直接数字跨度”这一术语来定义短期记忆能够记住的数字数量。

如果要求被测试者倒着复述（间接跨度）呢？那么实施将更加困难，并且能够复述出的元素要比直接跨度少一到两个。

短期记忆是一种运作记忆

短期记忆以暂时的方式保存信息并不是一个被动的行为。为了更好地解释这个动态的过程，英国心理学家阿兰·柏德雷用“运作记忆”这一术语代替“短期记忆”，他还设想了一个由三个部分组成的模型。

中央管理者

中央管理者负责筛选感觉信息，并将其传递到语音圈或视觉—空间记事区。还负责控制和分配注意力，并决定完成不同脑力任务的策略。

语音圈

语音圈负责与口语和书面语相关的任务。音素是最小的单位，但我们很难记住那些发音相似的字母或者字词。借助于语音圈，我们能够使信息“焕然一新”地留在脑海中，以便以后的应用。例如，输入一栋大厦的入门密码，之前我们已经将密码写在地址簿上了；或者在看过说明书后，操作家用电器的控制按钮。

视觉—空间记事区

用于解决视觉—空间类的问题，例如按照地图进行驾驶，并确定空间方向；或者描述一个熟悉的房间里的物品的所在位置。这一记事区能使我们在想象一幅画时（比如大卫的《拿破仑圣像》），确定上面的人物和其他要素的位置。

运作记忆的功能

在日常生活中，当我们以暂时的方式记住一条受长度限制的信息时，运作记忆起了关键作用。

编码

为了能够以确定的方式对信息进行处理或者将其储存在长期记忆中，就应该对它们进行编码或者以某一“形式”表述，而不是简单地感觉复制。一串声音以音素为单位被分析，一段口头文字按构词被定义……同样，视觉—空间记事区根据颜色、形态、构造、位置等来“破译”视觉对象。

同时再现

比如立即将一串刚听到的电话号码写下来，或重复默念一个刚在记事本里找过的地址，这样被编码的信息过后能较易回忆起来。

修改

运作记忆能对信息进行简单或者复杂的处理。也正是这个功能保证我们能进行精确的运算，大声地拼读出一个单词，倒着复述一组数字或者字母，或者是记忆一系列以图像形式表述的物体，同时默念它们的称谓。

比较

在记忆里保存多条信息，就能对它们进行比较，或者弄清楚事情发生的顺序。例如日常生活中，在超市购物的时候，我们可以比较同种物品的不同价格，或者在电话簿中找出某一号码对应的人名。

运作记忆如何运行

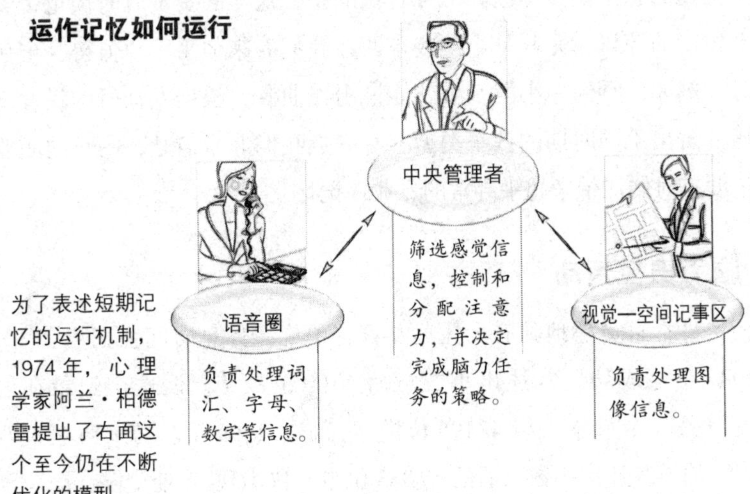

为了表述短期记忆的运行机制，1974 年，心理学家阿兰·柏德雷提出了右面这个至今仍在不断优化的模型。

第十一节

为了记忆而记忆

一直以来，超常的记忆力都吸引着人们的注意力。这样的例子不少，罗马作家普林尼（23–79）在他的《博物志》里曾记载波斯国王居鲁士能记住所有士兵的名字，数学家约翰·冯·诺伊拥有“照片式”记忆能力，2004年的奥林匹克记忆冠军鲁迪格·加马拥有超乎想象的记忆力。

专业性记忆

通常，出色的记忆力会让人肃然起敬。面对一位学识渊博的行家，我们总是钦佩不已。不可否认的是，这样的赞赏有时候也带着不相信的惊讶，尤其是当某些东西在我们看来似乎不“值得”记住时。例如，听到一小段音乐就能说出作曲者，根据发动机的噪音就能分辨出不同时期的汽车类型。有一点我们非常清楚，漫长的职业生涯有时候能带来超乎寻常的专业性记忆。

脑力田径运动

日本官员黑地阿齐·托莫友日花了许多休息时间强记数字 π，1987年他成功地复述出小数点后4000位数字，但这个纪录在之后被另一个日本人以42195位数字打破。1999年，马来西亚人西姆·伯罕复述出小数点后的67053位数，仅出现15处错误。

许多数字狂热者之所以醉心于“脑力田径运动”，是仅仅出于兴趣，还是期望在世界纪录中占有一席之地，还是为了赢得一个冠军？在他们身上，天生的才能好像并不必要，强有力的积极性就足够了。在很大程度上，好的成绩实际上归功于从古代开始就为人们所知的记忆法的巧妙运用，就像地点法。许多著名记忆冠军和众多记忆“奇才”都毫不犹豫地公开自己的作品、成绩或者组织培训班，以满足盲目追求改善记忆力的公众的需求。

维尼阿曼的例子

然而，一些人似乎比另一些人更有记忆天分。所罗门·维尼阿曼·T，通常人们称他为维尼阿曼，是研究“天才记忆”最好的专家之一。1920 年至 1950 年，苏联神经心理学家亚历山大·卢里亚一直跟随着他。在短短几分钟里，维尼阿曼就能记住一长串单词或数字（有时多达 400 个），并且能在几年之后完整地复述出来。除了特殊的天赋外，他还利用了一些记忆策略，比如把每个词同一条臆想的路线结合在一起，第一个词和窗户联系在一起，第二个词和门联系在一起，第三个词和栅栏联系在一起，等等。有时他也会忘记，那是因为他把臆想的形态与颜色搞混了，例如放在白墙前的白色鸡蛋。实际上，维尼阿曼运用了联想，就是说，他把每个词的形式或发音都转换成了不可磨灭的“形象”。这个奇人永远保存着对这些词的记忆。为了忘记它们，他必须有意识地努力把它们清除掉，他想象着将这些词列在一块黑板上，然后把它们擦去，或者在它们上面盖上一层不透明的薄膜。出色的记忆使他因一个耀眼的职业而闻名，当卢里亚发现他时，他只是一个没多大天分的播报员，之后他凭借自己超常的记忆力成为一个知名艺人。

第十二节 长期记忆

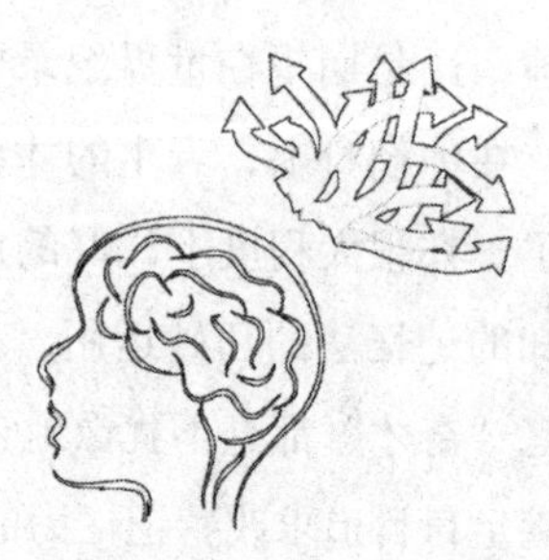

为了使信息不仅停留于短期记忆中，就有必要把信息传递到另一个更持久的系统中。长期记忆具有我们认为几乎无限的能力，它能够在一段时间后重组信息——一次会面、一个数学公式，或游泳的动作——从几个小时到几天、几年，甚至有时长达几十年。

两种不同的记忆方式

极少有人抱怨说忘了如何爬楼梯、如何从一个椅子上站起来或者如何刷牙。日常生活中对记忆的抱怨大多数是关于无法想起某个人的名字、某个字，或者一件近期发生的事。在个人经历方面，一个具有遗忘障碍的人将面临更大的困难。为了更好地解释这一现象，心理学家安戴尔·图勒温和拉里·斯里赫定义了两种不同的记忆方式。

陈述性记忆

“你去年去过哪个城市？”“谁是现在的农业部部长？”“《英雄》的作者叫什么名字？”“恺撒是在哪一年死的？”对所有这些问题，我们可以用一个词或者一句话来回答。当然，我们也可以写出答案，在某些情况下还可以画张图或在一张照片、卡片上指出来。答案通常都是基于对曾经经历过的或者学过的东西有意识地回忆，并且能够通过口头的方式表述出来。这就是为什么称其为陈述性记忆的原因，也可以用“精确记忆”这一术语。

非陈述性记忆

操纵电视遥控器、使用厨房用具、骑自行车、系鞋带或者仅仅是走路，这些行为都不需要我们有意识地回忆相关的姿势或动作。虽然我们可能记得当初学习这些行为时的情景，但更多时候我们只能以非常简单的方式对这些行为进行描述，并且倾向于演示示范。为了解释自由泳时腿的动作，游泳教练更多地会进行动作示范，而不是用长篇大论来解释。出于这个原因，这种记忆形式被称为非陈述性记忆或者隐性记忆。

从生活事件到日常例行公事

1993 年 4 月 11 日我们去过纽约，《罗密欧与朱丽叶》的作者是莎士比亚，骑自行车的方法……所有这些例子都体现了对行为的记忆，但只有第一个例子是唯一真实发生过的，其他的例子似乎和个人特殊经历无关。并且，即使我们在日常用语中应用“学习骑自行

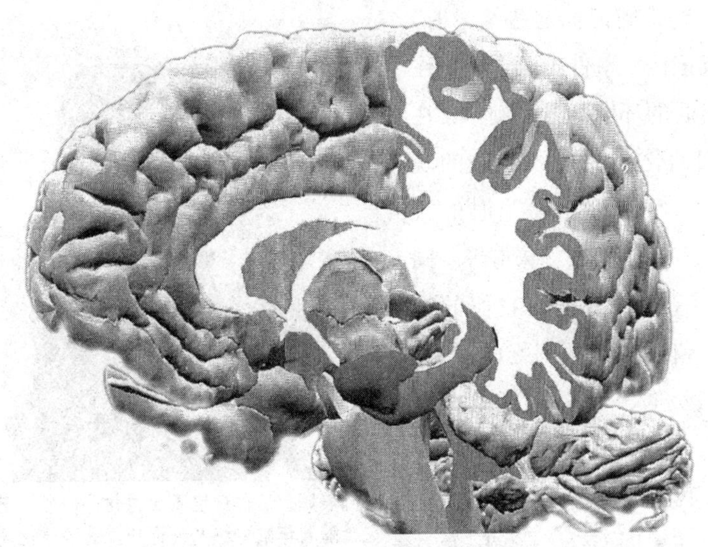

在这张大脑图片中，海马是用紫红色标示出的突出部分。海马是大脑对记忆归类的区域，它决定哪些信息足够重要并需要存入长期记忆中。

车”这种表述，但当我们涉及“学习”这个词的时候，更多地也会联想到在学校学到某种知识，而非某种体育活动。那么，是否对不同的事物存在不同的记忆呢?

研究人员对某些记忆障碍的研究证实了我们的假设。比如，某些健忘症患者只忘记了个人新近的经历、以前学过的文化知识，或者某些特殊的行为方式。由此，科学家将记忆分成三种类型：对发生在特定时间和地点的事件的情景记忆，用来储存一般知识的语义记忆，以及为了完成一些重复性行为或者标准化动作的程序性记忆。

情景记忆

情景记忆对应着我们在一个确定的时间和地点的特殊经历，上个星期我们看过的电影，或者去年夏季我们做过的事。这些经历构成了情景记忆的一大部分。

一个记忆的诞生

当我们记忆这些情景时，不仅记住了事件本身，还记住了当时的环境背景。例如，在我们回忆与朋友一起吃的晚餐时，我们还记得当时的灯光、声音、气味、味道等。同时，这些要素也在我们的记忆中留下了以后回忆的线索。在回忆时，我们就可以在以往的经历中定位：“星期五晚上，我去大剧院看了一场极好的表演《图兰朵》，陪同的有小贝尔纳、安娜·玛丽、吉尔

研究表明，工作记忆不会退化，但长期记忆会随着年龄的增长而退化。这种退化通常是缓慢的。有时老年人发现很难记住刚刚发生的事情，但能记住早期发生的事情。

伯特、丹尼尔和雅克。”当然，对这样一个事件的记忆也保存有情感的因素。正如伏尔泰观察到的那样：“所有触动内心的，都刻印在记忆中。”

记忆就这样保存着事件的主要方面，然而背景线索并不位于大脑的一个确定区域。因此，记忆的程序一点也不像以前描述的那样：在一个“仓库”里储存着记忆，每一个都有其特定位置，当我们需要的时候就“去那儿找”。

事件的不同方面存在于不同的大脑区域

我们在记忆时大脑是什么样子的？比如，在7月的一个早上，我们看见花瓶里插着的玫瑰时。首先，对这个场景的感知需要我们

不同的记忆类型

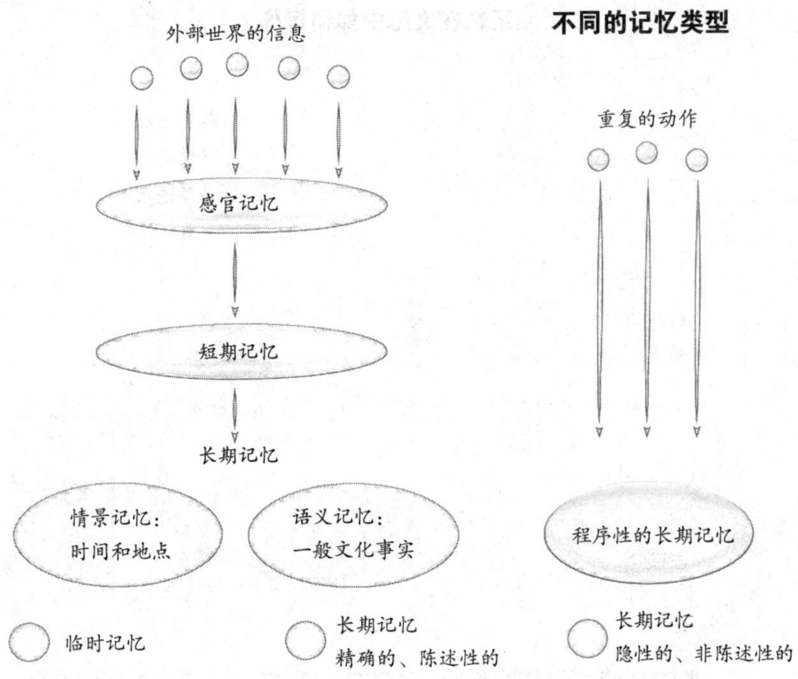

为了描述记忆的类型，心理学家设计了一个空间模型，如同一张房屋地图，每个房间代表一种记忆类型。

不同的感官共同参与：嗅觉感知玫瑰的香味，视觉记录它的形状、颜色和在花瓶中的位置，以及花瓶在房间中的位置。接着，形成各种记忆痕迹。有关玫瑰花香的记忆将存留在大脑的嗅觉区域。如果我们被玫瑰花刺扎了一下，感受到的疼痛记忆将保存在大脑的另一个区域。关于地点和时间的信息则被存储在大脑的前部……

大脑各个区域间连接的建立归功于神经元网络，每次记忆一条信息时，神经元网络都会被激活。而在回忆时，右额叶会从神经元网络中的不同记忆痕迹出发，进行对场景的重组。

寻找遗失的记忆

有时候，寻找遗失的记忆过程需要很长的时间，并且很困难，

记忆在大脑中如何运作

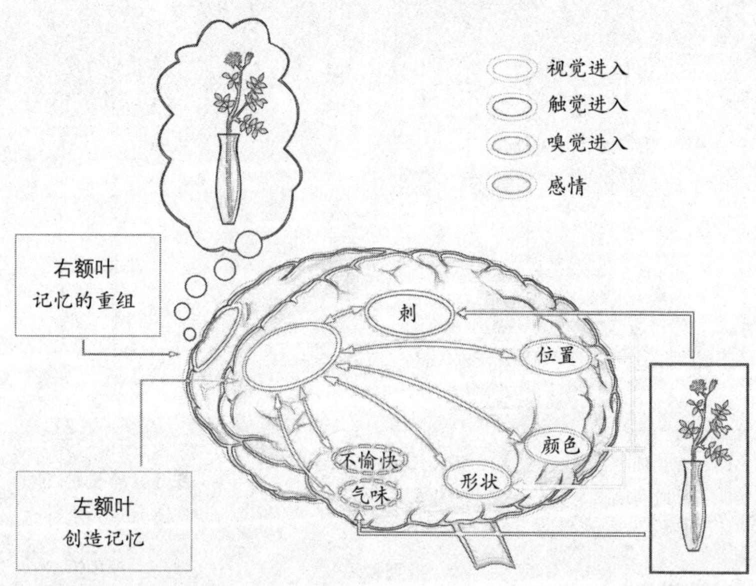

事物或场景的不同方面被保存在特定的大脑区域，记忆痕迹之间通过神经元网络相互连接。为了回忆起某一事物或场景，大脑将通过右额叶重新激活相关的神经元网络。

因为必须重新激活与之相连的全部神经元网络。但有时一个线索就足以唤回全部记忆。正如《追忆似水年华》中所描写的，一小块浸入茶水中的玛德兰娜蛋糕唤醒了故事叙述者在贡布雷的整个童年世界，因为雷欧妮阿姨曾在给他一块相同的蛋糕之前把蛋糕浸入椴花茶中。

另一方面，分散储存使得记忆更稳固——大脑部分区域受损极少会造成一个人的全部记忆消失。但是，随着时间的推移，某些记忆痕迹的功用改变或者消除了，于是回忆变得很困难。

语义记忆

大脑中其他被储存的信息普遍发生在学习的环境背景下，即一般的常识，比如《罗密欧与朱丽叶》的作者是谁，意大利的首都是哪儿……我们从多种渠道获得这些知识。如果这些知识只具有一般的性质，那么当时的学习背景会逐渐从我们记忆中消失。例如，我们很少能想起第一次听到“莎士比亚”或者“罗马”这些词的地点和时间。

有时候，关于时间和地点的记忆痕迹可以帮助我们找到一时遗忘了的东西：我们想起在一本什么样的杂志上读过，要找的东西就

似曾相识

当你第一次游览威尼斯的时候，你觉得似乎见过这里的某座教堂；一部新出的影片让你感到熟悉；在对方阐述某个命题时，你觉得已经听过了……

事实上，这是我们的记忆在跟我们兜圈，关于某些事件的原始情况早已从我们的意识中逃脱了，只剩下极不完整的片段。我们忘记了几年前，在电视上看过关于威尼斯的报道；我们不记得这部电影取材于我们曾经阅读过的一本书；我们忘记了曾参与过一次类似的讨论，只是其中的只言片语反复在脑海中回响……

语义记忆的存储形式

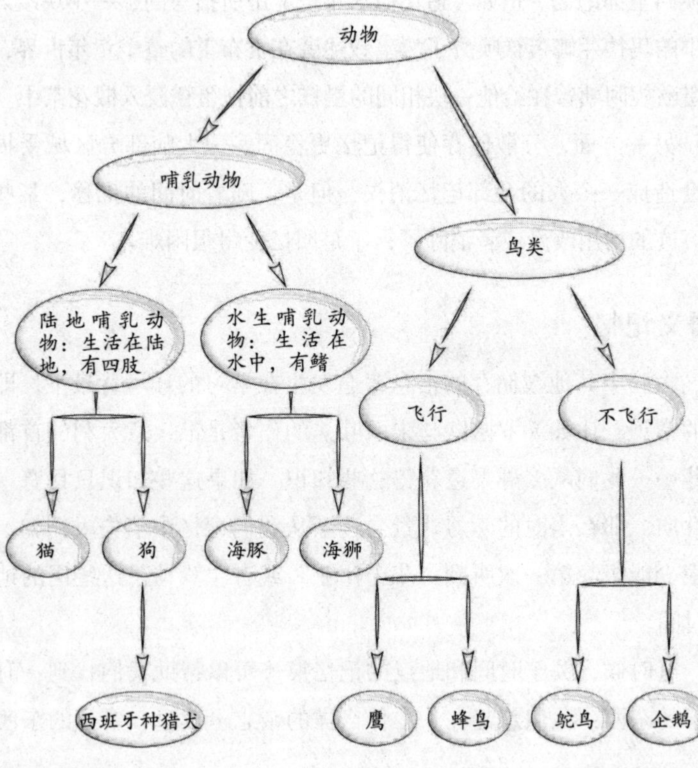

动物
哺乳动物
鸟类
陆地哺乳动物：生活在陆地，有四肢
水生哺乳动物：生活在水中，有鳍
飞行
不飞行
猫
狗
海豚
海狮
西班牙种猎犬
鹰
蜂鸟
鸵鸟
企鹅

在语义记忆中，信息是以树形图的形式存储的，每一个类属都存在一个代表性例子，例如海豚是水生哺乳动物的代表。

在某一页的上方。

什么样的信息储存在语义记忆中

语义记忆存储的不仅是某种类型的百科知识，或一般知识性的问题，还储存了个体在一段时间内的生活事实。借助语义记忆，我们可以给物体命名并将其归类（锤子、螺丝刀、锯子属于工具类），或者给某个种类列举例子（属于昆虫的有蚂蚁、瓢虫、蜜蜂等）。同理，当我们需要记忆一系列混乱无序的词时，我们可以先将其分类，

测试你的程序性记忆

阅读镜子里的文字

匹克威克先生感觉到有些焦虑，他发现两个朋友常常缺席，并且想起整个早上，他们的行为非常神秘。

尝试尽可能快地读出上面这段文字。

在镜子中的图画

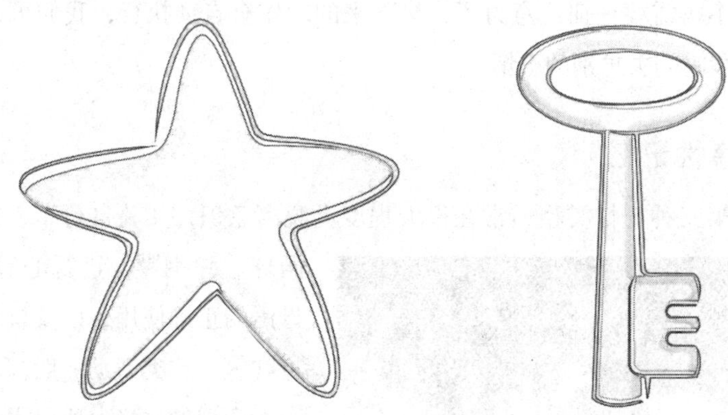

把你的书对着镜子，尽可能快地用笔把镜子中的这两张图画在一张纸上。

借助程序性记忆，我们能毫不困难地进行阅读或者绘画。当我们不按常规的方式进行时，困难就出现了，例如阅读镜子中的文字。

这样就能更容易记住了。

对知识的良好组织

事实上，语义记忆中储存的知识相互联系着，按照逻辑与用途的不同形成复杂的网络（参见左页图）。例如当我们想起“大象”这个词时，其他的概念（大象的颜色、形态或者与它相关的历史）也同时处于活跃状态：“大象身躯庞大，它是灰色的，有两只大耳朵、一个长鼻子和两根大牙，重量可达到 6 吨，拥有闻名于世的记忆力。

公元前3世纪，汉尼拔骑着大象穿越了阿尔卑斯山……”

实用性知识的组织形式不尽相同。特别是在日常生活中，当涉及一系列规范性的连续动作时，例如准备早餐、购物、组织聚会等。根据早已建立好的内在逻辑顺序，这些日常规律性的活动一旦开始，接下来的各个步骤便接踵而来，而不需要“图示”或者“脚本”。为了准备早餐，只需要开始第一个动作——往咖啡机里倒入水，这之后就不再需要任何注意力了，接下来的动作会自动执行，我们可以在这段时间去想别的事情。

程序性记忆

第三种记忆类型通常在很大程度上脱离意识，如骑自行车、打网球、弹钢琴、进行心算、母语的正确使用，以及玩扑克牌等，这类活动一般都基于潜意识的记忆，所以很难对其进行详细的描述。这类活动的学习过程通常很漫长，需要经过无数次的练习和重复，而一旦掌握就很难忘记。但某些复杂的活动仍需要坚持实践：一位钢琴家如果不经常练习，他的演奏水平就有可能下降；一名高水平运动员如果缺乏常规的训练，他的成绩也将滑坡。

可以把一张彩色透明纸覆盖在需要阅读的纸面材料上，从而帮助阅读障碍患者进行更加有效的阅读，提高记忆效果。

例行公事性的任务

在日常生活中“自动

测试你的情景记忆

你做了什么？

◎ 昨天。

◎ 上个周末。

◎ 五年前的这个时候。

◎ 你在哪里，与谁在一起，你是否重新想起当时的气氛、光线、气味、音乐、遇见的人……借助线索和标志（重要事件、旅游、职业活动等）来帮助你精确地回忆。

从当时的环境背景入手，更容易回忆起发生在过去一个确切的时间和地点的事件（情景记忆）。

性动作”扮演着重要角色，让我们可以完成复杂的例行事务，而大脑则保持空闲去面对无法预知的状况。例如，开车时，我们并不十分注意控制方向盘、油门、指示灯等，直到发生特殊情况——一个孩子试图横穿马路——才需要我们动用所有的注意力并结束“自动驾驶”。

按照我们的习惯和偏好

潜意识的程序也是我们许多习惯和偏好的根源。我们能够记住一系列同等商品的价格，可以在比较某种商品时作为参考，比如哪家超级市场里的苹果更便宜。当我们不能直接地应用这些程序时，比如由于货币的改变或者临时居住在外国，我们则显得特别不相信自己的判断。尽管早在 2002 年初就开始推广欧元了，可是许多法国人仍然继续用法郎进行“思考”，特别是对非日常用品，比如房子或者汽车。

典型的适应状况

在吃完一种特殊的食物（例如牡蛎）后，我们生病了，从此只要看一眼这种食物就可能恶心。在俄国生理学家巴甫洛夫的实验中，铃声一响起，那条已把铃声刺激同下一餐的来临结合起来的狗就开

语义记忆好像一张巨大的蜘蛛网，包含着成千上万的内部联系。

始流口水。在人类身上也能发现类似动物的这种典型的适应状况，这类适应状况有时候与由于特殊原因引起的害怕或快乐感有关。例如，如果我们曾被野兔咬伤，即使身处距离事故很远的地方，只要周围的树木或者气味与之相似，我们就可能会心跳加剧。

诱饵效应

我们也会无意识地记住一些信息（比如对话者领带的颜色），在以后某个需要的时刻，这些信息能够帮助我们更快或者更容易地回想起当时的情景，但是这些信息与我们有意识记住的信息具有不同的确定程度（“你的领带好像是红色的”）。

为了描述这一现象，科学家们提出诱饵效应。例如，一个填字游戏的答案是一条定义（比如生产、出售豪华家具），突然我们想到了一个在完全不同的背景下出现过的正确答案（“细木工”）或者类似的答案（“木工”）。有时候，这样的潜意识记忆让我们兜了“一圈”：我们以为自己找到答案了，事实上，答案是通过我们以前读过的一篇文章得到的，只不过我们早已忘记自己曾经读过那篇文章。

第十三节

专业象棋师和运动员的记忆

大师对新手

1965年，心理学家阿德里安·德赫罗特曾策划了一个著名的实验。让五个大师和五个新手一起观看一系列国际象棋棋局，每个棋局观看五分钟，然后要求他们在一个空棋盘上重新排列出棋局。在第一轮测试中，大师们能够重新摆出90%的棋子，而新手只能摆出40%。然而，当棋子以随机的方式排列在棋盘上时，大师和新手的成绩是相同的。

大师胜于新手之处，在于他们懂得如何学习、辨认并且记住棋子的摆放，当然前提是棋子遵循一定的模式排列，比如一盘可以下出来的残局。我们猜测，在一个大师的记忆中储存着1万到10万种棋子的摆放模式。由于扫一眼就能组合大量的棋子，加里·卡斯帕罗夫在

国际象棋大师卡斯帕罗夫对几千种棋局了如指掌，这种靠多年经验获得的后天性才使他能在几秒钟内分析每局棋的每一步。

很短的时间内就可以分析出一个新手的棋局。20世纪90年代，科学家设计了一台名为“深蓝”的计算机，它能测算到每步棋的几千个可能位置，除了开局和结果。一个专业棋手有时候用几秒钟就能迅速确定那些制胜的布局，程序员成功地在“深蓝”上模拟了这部分技能，从而使得电脑战胜了国际象棋特级大师加里·卡斯帕罗夫。

齐达内冲出来，突破后防线，在两个后卫中间的空档起脚射门！一个有经验的职业足球运动员不仅有着良好的体力，而且快速分析的能力也是必不可少的。

齐达内会怎么做

面对重现比赛情景的图像，当被要求说出一种让球员更好地控球的动作时，传球、护球还是直接射门，球员和教练给出的答案与外行人不一样。专业人员给出了更恰当的建议。这是2003年三个研究者从对一支球队的实验中得出的结论，出现在照片上的比赛状况完全符合专业球员的猜测，而外行人却猜错了。同时，专业球员学习起来也更有效率。当过了一段时间后，再次向他们展示同一张照片时，专业球员更快地给出了答案，这表明他们在第一次时已无意识地记住了。并且对这些职业球员来说，他们的运作记忆被干扰时同样也能够保证效率，因为他们被要求同时完成口头和视觉任务。

获得专家式的记忆

其他集体运动的专业运动员跟足球运动员一样，当被要求准确地记住运动的顺序以及在场地上移动的初始位置时，他们总是比新手表现得更好。滑冰运动员和体操运动员——也包括体育记者评论他们的技能——能更轻松地掌握表演姿势，但是，和在象棋案例里一样，他们的优势仅局限予与自己的专业相关的运动形态中。

正如各行业的专家们一样，运动员培养了“获知—行动”的能力，但这种能力基于普通的能力：扎实的基础要以多年的努力为代价。由于定期训练，他们能更好地专注于特殊的领域，并且能更强地在精神层面上“操作”这些能力。尽管如此，这些能力不能移植到他们专长之外的领域：专家的记忆只在自己的专业领域令人惊奇。

运动与记忆的关系

对老年人的成功研究发现，（除了乐观积极的心态和高学历）健身活动与保持健康精神状态密切相关。加利福尼亚大学的科学家欧文找到了一个合理的解释：运动刺激 BDNF（脑源性神经营养因子）的增多。BDNF 是一种能增强神经传输能力的天然物质。

欧文及其他研究者让一只成年老鼠在转轮上运动了一天，发现它大脑中不同区域的 BDNF 提高了。BDNF 中的海马体主要负责记忆处理。BDNF 可以促进幼小白鼠 LTP（长时程增强效应）的提高或记忆的形成。当研究者饲养缺少 BDNF 基因的老鼠时发现，它们的海马体 LTP 数量明显减少。把 BDNF 基因重新注入老鼠的海马体，它们的不良反应马上消失。国家儿童健康和人类发展研究所的研究员指出，他们的研究对促进幼小动物和儿童的学习记忆能力有建设性意义。罗伯特·伍德·约翰逊医学院的研究员伊拉布·莱克和他的同事们发现 BDNF 对 LTP 的潜在作用，这对研究和克服老年痴呆症造成的记忆混乱很有帮助。

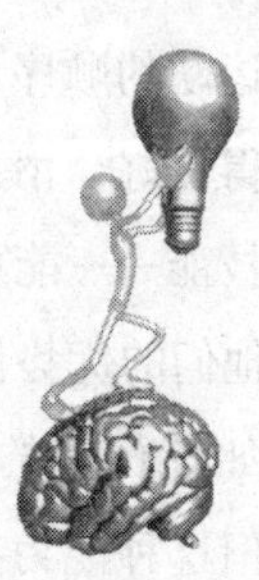

第十四节
感官和记忆

外部世界带给我们的感觉信息构成了我们的记忆，我们的五种感官——视觉、听觉、触觉、嗅觉和味觉是记忆的主要入口。但是，通过感官感知而记忆的东西绝不能和相片或者录音磁带相比。感觉信息在大脑深处被分析，然后彼此之间建立联系，在与其他信息比较后，被烙上感情的、形态的（地点）和时间的（日期）印迹。一般来说，这些程序在每个人身上都是一样的，但是每个人的感官能力似乎并不相同。

感官的专业化与缺失

受雇于赌场的能够过目不忘的人、拥有绝妙的耳朵的音乐家、拥有特别敏感的鼻子的香水调剂师等，我们都知道或听说过这种拥有超常视觉、听觉或者嗅觉记忆的人，他们某方面的感觉能力强于一般人，然而能用触觉或味觉创造价值的人就较少见了。一些理发师说，他们一拿起剪刀就知道那是不是自己的私人剪刀。

同时，一种超乎寻常的技能似乎总是与另一种感觉方式的缺失联系在一起。例如，天生失明的人成功地发展了在空间、听觉和触觉记忆方面比视力正常的人更高的技能。但是，失去一种感知方式和本身缺乏是不一样的，比如用布莱叶盲文进行触摸式阅读，大脑视觉区无疑也参与了某些语言能力的管理。

接下来，我们将简单介绍视觉、听觉、味觉与记忆的关系。

视觉记忆

英国作家拉迪亚德·吉卜林（1865—1936）在他的小说《吉姆》中，详细描写了少年英雄吉姆如何坚持不懈地记忆放在桌子上的物品，然后再找出缺少的东西的过程。经过不断的训练，吉姆获得了一种超常的技能，他能够记住所有看过的细节。

图像记忆

在一个实验中，研究人员向志愿者展示了2500多张幻灯片，每10秒钟换一张。然后，将每张幻灯片与一张新的幻灯片混合在一起，要求被测试者指出熟悉的那张，即他们之前看过的那张。结果非常令人吃惊：几天后，90%以上的图片被认出；几个星期后，仍然有很大比例的图片被认出。之后再用10000张幻灯片做类似的实验，同样确认了视觉识别不同寻常的效率。

如此熟悉的活动

观看是我们非常熟悉的一项大脑活动，以至我们有时候忘记了视觉在记忆过程中扮演着重要角色。信息进入大脑被处理和存储后，就不再依赖语言了。为了解释视觉记忆的运作过程，神经心理学家

面孔失认症

面孔失认症是一种极为罕见的病症，会令病患周围的人非常困扰。患者失去了辨认熟悉面孔的能力，虽然他们可以毫不困难地回想起熟悉的人的名字及其相关信息。不过，他们能够通过声音、走路方式、体态，甚至某些面部特征，比如大胡子或者特别的发型，辨认出熟悉的人。

这种奇异的病症是因为大脑右半球损伤而造成的，因为在大脑右半球存储着面部辨认的记忆单位。例如，患者无法再认出自己家畜群中的牛，鸟类学家无法通过视觉辨认出不同的鸟类，然而能通过声音立即将它们分辨出来。

记忆力测试

仔细观察下面的两幅图片，你是否有似曾相识的感觉？请在图片下面写出它们的名称。

1.______________　　2.______________

答案：1.《蒙娜丽莎》2.悉尼歌剧院

将视觉记忆（或视觉—空间记忆）同行为记忆进行了比较。视觉记忆能让我们在头脑里“操纵”抽象的图案或路线，而行为记忆则是依靠语言来理解话语的内容和各种视觉信息。

事实上，重要的是不要混淆了视觉信息与视觉记忆。视觉记忆大多数是按照双重编码的原则来处理词语、图案、照片或者真实的事物等视觉信息。在大量实验中，神经心理学家揭示了双重编码的优点，这种编码方式能将形象信息（形态、尺寸、布局）与动作信息组合在一起。

自闭症患者的记忆：对细节敏锐的感知

人们有时用“照片式”记忆来引出自闭症患者典型的精确记忆。

自闭症是一种发育缺陷，会阻碍患者与社会的互动、对外界情感的反应和与他人的沟通。这种严重的功能障碍有时却伴随着非凡的音乐记忆能力或“照片式”记忆能力，后一种记忆能力使患者能用复杂的图像表述出记忆里的少量细节，或者毫不困难地进行大量计算，就像电影《雨人》中达斯汀·霍夫曼所饰演的人物那样。

为了解释这种自发而非凡的能力，神经心理学家提出“表面的记忆”。这种记忆并非想要脱离图像的整体感觉或整体形态，而是试图结合更重要的细节来创造“心理图像”。面对一幅画时，大多数人是在集中注意力于总体形态后，再试图把握其中的细节，而自闭症患者在没有总体视觉的引领下，将同等对待所有细节。因此，在处理信息的第一步，自闭症患者表现得更好，而正常人“消耗”的精力是为了获得更整体或更多的感官信息，以此简化记忆。有些研究人员还认为，自闭症患者越是与世隔绝，越是容易出现运作记忆障碍。

记忆面孔

在图像记忆方面我们是天生的行家，但是我们中有些人在某一

面相学家

在视觉记忆领域，职业面相学家具有令人惊奇的记忆能力。有些人在赌场工作，负责监督和辨认那些违反游戏规则的客人。有些人在足球赛的时候，帮助维护治安，找出具有暴力倾向的流氓。有些人通过面孔就能记住一个人，甚至10年、20年以后，可以建立一个5000 ~ 10000人的面孔“数据库”！这是怎么做到的呢？其实，他们并不是直接记忆的，而是需要几分钟的超强度注意力才能记住每张脸的特征。

为了保证有效的记忆，过目不忘的人会借助于细节或某些迹象。因此，一张没有什么特征的“普通”面孔将较难被记住。与广为流传的错误观点不同，面相学家的记忆并不类似于相片的即刻收集。

特定方面表现出更高的能力，如记忆面孔、建筑物、风景等。这种能力有时候是训练的结果，正如吉卜林的小说中描绘的那样，但是好像真的存在一种“天赋”，比如在过目不忘的人身上。

我们越是能从几千张脸中毫不困难地认出熟悉的那张，就越是难以用言语对其进行描述。在描述时，我们通常会提取整体特征，眼睛、胡子、眉毛、痣等。在辨认面孔时，语言似乎扮演着次要角色。辨认面孔的能力很早就在儿童身上得到发展，研究表明，6 ~ 9 个月大的儿童比成年人更容易记住周围人的面孔。

听觉记忆

“如果钢琴演奏家想演奏《瓦尔基里骑士曲》或者《特里斯坦》前奏曲，威尔杜汉夫人说道，不是因为这些音乐使她不高兴，而是

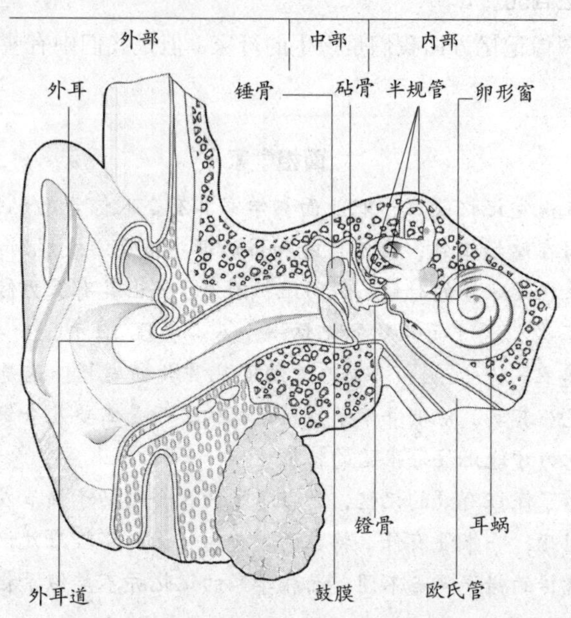

耳朵的三个主要组成部分是外耳、中耳、内耳。在这全部结构中，耳朵是一个包含了管状器官、耳道、容器、液体、细胞膜、骨头、软骨和神经的复杂综合体。

记忆是如何形成的

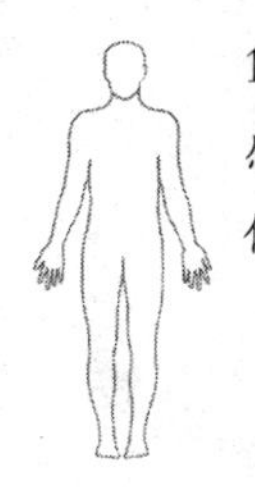

1. 我们思考、感觉、改变、体验生活。

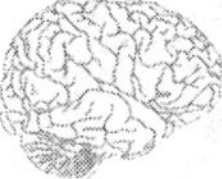

2. 所有的经历要在大脑中登记。

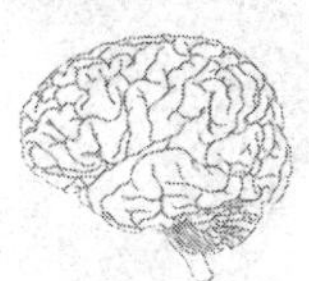

3. 大脑的结构和过程分析信息的价值、意义和有用程度并将它们排序。

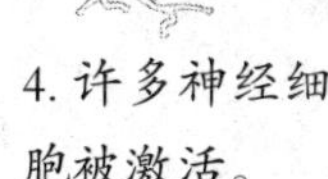

4. 许多神经细胞被激活。

5. 神经细胞通过生物电流和化学反应将信息传递给另外的神经细胞。

6. 这些联系会通过重复、休息和情感得到加强，持续的记忆就形成了。

因为它们给她留下的印象太深刻了。‘您关心我有偏头痛吗？您知道每次他演奏同样的东西时都一样。我知道等待我的是什么！’”（马塞尔·普鲁斯特，《追忆似水年华》）

情绪——理解音乐的关键

情绪与音乐之间的关系是复杂的。一方面，听一段音乐或进行一次与音乐有关的实践（如唱歌或演奏乐器）会引起一些感觉（比如兴奋或放松），我们根据当时的情绪来阐释这些感觉，并且从此以后，我们会把这些感觉与听到的或自己演奏的音乐联系起来。

另一方面，在精神层面，我们大多数人都能预测一段音乐接下来的部分，“我知道这段之后，铜管将进入交响乐中”或者“节奏将加快，声音将变得更高”。然而，这种才能似乎并不来源于我们受到的音乐教育，而是来自我们从管弦乐中自发得到的“感觉”。

事实上，一段著名的乐曲产生的“震撼”很大程度依赖于我们的精神活动。神经心理学家观察到，某些患者的听力感知（对一段

演奏小提琴不仅需要听觉记忆，还需要触觉和视觉记忆的参与。

旋律、节奏、音色等）虽然保持完好，但他们失去了听音乐的快乐感。患者自己解释说，他们“不再能理解”不同乐器之间的音乐关系，并且他们也不能再“预知”一段音乐将如何演进。

不同的倾听方式

每个人的音乐才能都不同，一些人似乎比另一些人更有天分去记住一段旋律或者辨认音色。如何解释这些不同？研究人员从对音乐家的观察中发现，他们是以不同常人的方式听，更确切地说是他们“看”所听到的音符，音符对他们来说就相当于“字”。医学图像通过对大脑刺激的研究证明了这些假设，医学刺激利用的是视觉或语言资料。

即使周围存在干扰噪音，职业的或者业余的音乐家都能成功地在意识中保留旋律，而其他人则做不到。在任何情况下，音乐家们都能毫不困难地进行记忆，除非他们同时听到另一段相似的旋律。

记忆和音乐曲目库

得益于我们储存在语义记忆中的理论知识，当我们听到一段旋律或者一个作品时，就会感到熟悉，甚至能够确认其曲名、作曲家或者演奏者。对于那些长期演奏同一种乐器的人来说，曲目库是随着日积月累的实践构筑的。

语言和旋律是两种不同的听觉记忆吗

对旋律的记忆是否比对语言的记忆更持久？专注于歌词和旋律之间关系的神经心理学研究表明，对歌曲的记忆实际上与这两个方面紧密结合，尽管对旋律的记忆在时间上更持久。大脑受损的音乐家能够继续从事音乐活动，但从此再也不能理解歌词或话语。因此，语言和旋律可能以独立的方式保存在长期记忆中。

如果一段音乐在记忆中能保存很久，那毫无疑问它依靠了与语言信息相关的编码，特别是情感信息。某种声音（亲属的声音、环境里的声音、旋律）与某种情感（是否快乐）联系在一起，会对巩固记忆大有帮助。另外，这样的声音现象不需要以有意识的方式被感知也能永久地被储存，而“普通的”听觉信息（如要记下的电话号码）需要意识的参与，因为它们依赖运作记忆。

嗅觉记忆

嗅觉是最强的记忆功能，我们能通过一些气味回想起以前的一些事，比如说草莓的味道能让我们想起夏天，一些香味能让我们想起香水或者是妈妈做的饭菜等，大多数人都会对某些气味有特殊的联想。

嗅觉并不能帮助我们建立正确的记忆，也不能帮助我们存储信息，它很难和事实发生联系，只和我们自己的情感有关。它可能帮助人们记忆一些地方，一些让人开心、难过、愤怒的事情。当然，嗅觉记忆也并不是完全没有任何意义，人们可以把一些特殊的气味和一些记忆方式结合在一起，这样对人们的记忆能起到增强的作用。

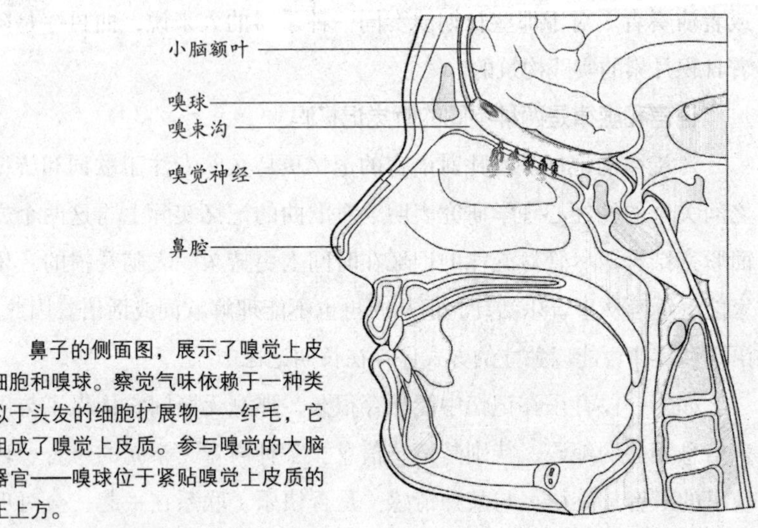

鼻子的侧面图，展示了嗅觉上皮细胞和嗅球。察觉气味依赖于一种类似于头发的细胞扩展物——纤毛，它组成了嗅觉上皮质。参与嗅觉的大脑器官——嗅球位于紧贴嗅觉上皮质的正上方。

嗅觉记忆的特征

嗅觉记忆有几个重要的特征：第一是持久性，因为在很多年后我们仍然能够描绘出最初闻到某些气味时的感觉；第二是幸福的基调，因为嗅觉记忆能和各种情景之间相互联系；第三是联觉的特质，因为嗅觉记忆能让各种感觉之间相互连接。

气味可以称得上是记忆的要塞，因为它保持的时间是相当长久的。我们在长大之后看见了某种东西，比如说香水，我们就一定能回忆出第一次用这种东西时的气味。

嗅觉记忆能够唤醒一些人们曾经垂涎欲滴的生活事件。比如说一些好闻的气味，能让人想起快乐的假期、大自然、和一些人一起吃饭等。有时候，一些难闻的气味也能和幸福快乐的事件联系在一起，比如说粪坑的臭味可能会让人们想起干农活的快乐时光。这是因为嗅觉信息的处理是由多个大脑区域参与的，导致我们闻到的气味最后会和各种信息结合在一起，形成特有的感情记忆，而不是纯粹的嗅觉的记忆。

使我们能闻到气味的器官是鼻子，确切地说是嗅觉上皮细胞，嗅觉上皮细胞上面的纤毛能够对鼻腔中黏液的分子进行反应，形成神经冲动，传递到大脑中的嗅球上，因此人们才能闻到气味。

大家都知道，包括人在内的很多动物鼻孔都是朝下的，这一方面是因为热的物体散发出的气味是向上的，鼻孔朝下就能轻松捕捉到气味；另一方面是因为能够防止天空中落下的物体、如雨水等阻塞鼻腔。

《追忆似水年华》中写道：每次在贡布雷游览时，“我总不免怀着难以启齿的艳羡，沉溺在花布床罩中间那股甜腻腻的、乏味的、难以消受的、烂水果一般的气味之中”。

气味，记忆的要塞

马塞尔·普鲁斯特的这段文字，总结了嗅觉记忆的许多特征。

⊙ 持久性：多年后仍能精确地描述出最初的气味感觉；

⊙ 幸福的基调：与情景之间的联系；

⊙ 联觉的特质：能让各种感觉相互联系。

气味是记忆的“要塞”，特别是当记忆痕迹产生于孩童时。我们每个人在成人后，都有突然想起一件极为久远的事的经历，有时候

感知系统的绝对阈限

这里有一些拥有正常感觉灵敏度的人所无法察觉的刺激。

感知系统所能察觉的最小刺激

视觉　空旷漆黑的夜晚，48 千米处蜡烛的火苗。

听觉　在绝对安静的屋子里 6 米处手表的嘀嗒声。

味觉　一桶 7.5 升纯净水中加入一茶匙糖。

嗅觉　6 间房子内加入一滴香水。

触觉　距离你脸颊 2.5 厘米的地方，一只扇动翅膀的蜜蜂。

化妆品制造者和葡萄酒工艺学家的“鼻子”

在某些职业领域，嗅觉记忆的持久性深深地刻上了职业实践的烙印。例如，众多厨师对菜肴配方的嗅觉记忆无处不在，化妆品制造者和葡萄酒工艺学家都强调自己嗅觉记忆的个性手段。对一些人来说，“鼻子”这一器官能让他们回想起家乡菜的味道，对于另一些人则是儿时读过的书的味道……有些人从远处飘来的桃子的香味，想到家乡的果园；有些人则由旧床单的麝香味，某天会从放在谷仓里的行李箱里发现自己的整个童年。

通过一种香水气味、一个房间或者一个在柜子底下找到的毛绒玩具而引发。

幸福的记忆

大多数的嗅觉记忆都是幸福的，唤起曾经“垂涎欲滴”的生活事件。哲学家加斯东·巴什拉尔（1884–1962）曾说，当记忆“呼吸”的时候，所有的气味都是美好的。

事实上，通过对500多个学生的问卷调查得出的结论是，他们的嗅觉记忆大多数时候是愉快的，无论在所记忆的内容方面，还是在与之相关的情景方面。在儿童身上，常常是重新想起假期、旅游、大自然（大海、山、乡村等）以及家人（父母和祖父母的气味、家庭聚餐、家人的房间等）。

奇怪的是，在一些情况下，也有人把公认为难闻的气味与快乐的经历联系在一起。例如，粪坑的气味让人想起在农场度过的一个假期，氯气让人想起游泳池的游戏。

正如这些联系所展现的，我们在记忆的同时刺激了所有感觉和感情的背景，多个大脑区域参与了嗅觉信息的处理——丘脑、淋巴系统等——烙下了气味的感情价值，聚集了各种感觉信息，因此，这些记忆从来都不是纯粹嗅觉的记忆。

嗅觉记忆与其他感觉

嗅觉记忆总是处于其他感觉的中心。例如，在吃饭或喝饮料的时候，如果没有通过鼻后腔的嗅觉信息，就会失去其他许多感知能力。

同时，其他感觉反过来也会对嗅觉产生影响。例如，医院的气味会引起难以消化的感觉。一个护士这么描述病人的坏死给她留下的印象，“一小块一小块地吞噬着肌体”。另一个护士回忆说，让人难以忍受的气味“注入”了她的衣服和皮肤里。

事实上，似乎很难想象出某种嗅觉记忆，因为它并不以具体的

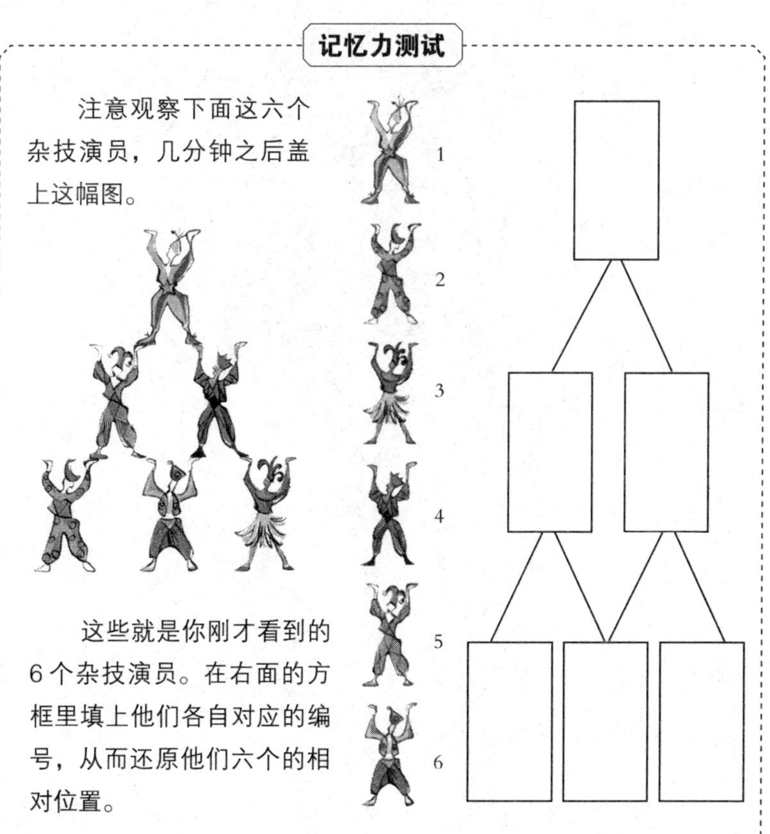

形式同时出现在我们的记忆与身体的某个部位中。但是，嗅觉的特性确实在记忆过程中发挥了很大功用。

味觉记忆

嗅觉记忆和人的情绪有很大关系，对于一种气味，我们喜欢就是喜欢，不喜欢就是不喜欢，没有任何道理可言。

和嗅觉关系最密切的是味觉，它们一方面能够防止我们自己毒死自己，另一方面则会吸引我们进食。

味觉来源于对味道敏感的细胞周围的化学物质，也就是味蕾周围

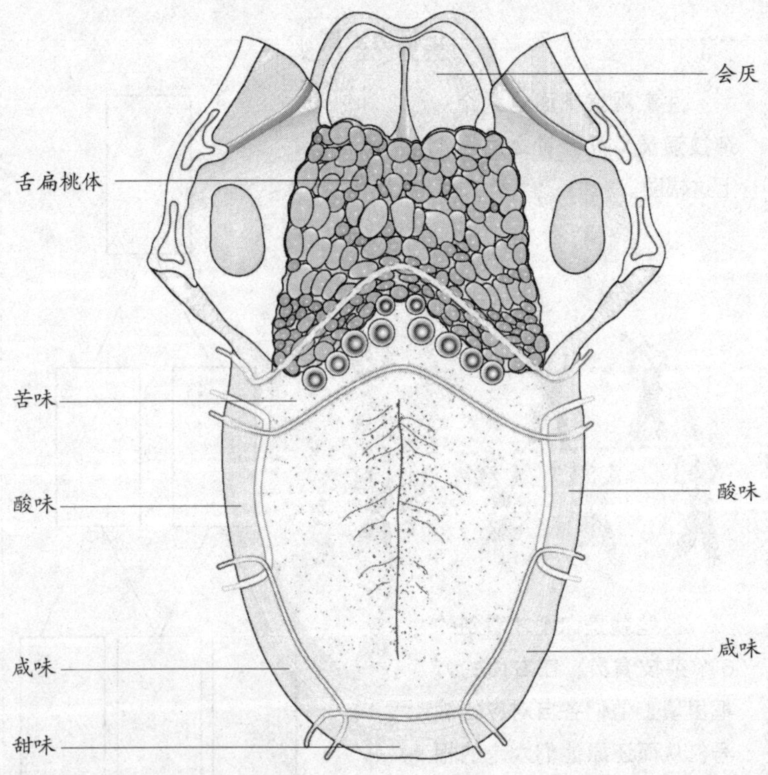

展示舌头不同区域灵敏度的平面图。舌头的不同区域对酸、甜、咸、苦四种味道都十分敏感，并且这些区域相互重叠。

的化学物质。溶解的化学物质通过味蕾上的圆形小孔到达味觉细胞，最终形成味觉。味觉细胞有一定的生命周期，并且死亡后无法再生，因此在现实生活中，我们需要用各种调料来弥补味觉细胞的损失。

在品尝食物的过程中，虽然我们品尝的主要是食物的味道，但在其中发挥重要作用的是嗅觉，嗅觉的反应比味蕾更重要。比如说在我们紧紧捏住自己鼻子的时候，咬一口苹果和咬一口梨并没有差别，我们根本不能分辨出两者味道上的差别。

影响味觉的因素除了嗅觉之外，还有食物的温度和质地，比如说米饭，吃凉饭和吃热饭的感觉肯定是不一样的。味道的偏好也影响着人们的味觉，比如一个人特别不喜欢某种味道，那么这种味道即使出现在他最喜欢吃的食物中，他依然不喜欢。有时候经验也能决定味道的好坏，比如说在一些特定的文化当中，某些让人难以下咽的食物就被认为是美味的。

触觉记忆

触碰是一种非常重要的感觉。在日常生活中，我们总是习惯用触觉去感受其他的东西，以便我们更接近我们触碰的东西，并且建立起一种真实的感觉。触觉在人们的生活中有重要的作用。它能让人们了解某些事物，避开某些对我们有伤害的事情等。

人们感知触觉主要通过自己的皮肤，触觉感知体系也称为皮肤感知，其中包含着各种各样的接收器，我们身体皮肤触碰到的信息就会通过这些接收器告诉我们。这些接收器之所以能对我们触碰到的信息做出反应，是因为它们包含着一千多万个神经细胞，这些细胞中有丰富的神经末梢并且接近人的皮肤表面。接收器最敏感的部位位于人的脸部和手部，这可能是因为这两个部位是我们平常总是裸露在外面的部位，人的大部分触觉信息都是通过脸部和双手传递的。接收器主要对三种感觉最为敏感，分别是压力、温度和疼痛。

第十五节
莫扎特的传奇记忆力

在意大利小提琴演奏家特利纳萨奇的要求下，莫扎特在1784年晚间音乐会的前一天，创作了降B大调钢琴和小提琴奏鸣曲。但他只写下了小提琴那部分的谱子，以便特利纳萨奇可以在早上准备。在第二天晚上的音乐会上，莫扎特亲自用钢琴在奥地利皇帝面前伴奏。当皇帝要求看钢琴曲谱时，却只有一张白纸……事实上，大多数音乐家、作曲家或者演奏家对这个传说并不感到惊讶，他们自称同样也可以做到。但是，根据传记，早在14岁的时候，莫扎特就表现出了超凡的记忆力。

阿列格里的《上帝怜我》，一部神秘的作品

1769年，在父亲的陪同下，年轻的沃尔夫冈·阿马德乌斯·莫扎特从萨尔茨堡出发，进行了15个月的旅行，穿过意大利。1770年4月11日，他们来到罗马，这时正值复活节。和其他游客一样，他们参加了在西斯廷教堂举行的从星期三到星期五早上的圣礼拜庆祝，伴随着格雷戈里奥·阿列格里（1582–1652）的《上帝怜我》。这部音乐作品没有任何乐器伴奏，是一部带有四声部重唱的五声部合唱歌曲，在欧洲以其优美的旋律著称，同时也被蒙上了神秘的面纱。

教皇明令禁止在西斯廷教堂和圣礼拜之外唱这首曲子，并严格禁止任何人将此乐谱抄写外传，违令者必受革出教门的重罚！在当时只存在三份正式复制本：一份给了葡萄牙国王，一份为马丁尼教

士拥有，而他被认为是意大利最伟大的作曲家和教育家之一，第三份存于维也纳的皇家图书馆里。

一部错误的乐谱

奥地利皇帝利奥波德一世（1640–1705）游览罗马时，贵族们向他讲述了那部超凡脱俗的音乐作品，于是他向教皇要了一份作品的复制本。但是，在维也纳的演出使利奥波德一世非常失望，他以为复本弄错了。因此，他向教皇抱怨，要求立即解雇提供副本的教堂主人。这个不幸的人于是请求听证，并向教皇解释说作品的美源于教皇合唱团的歌唱技术，而这是无法在任何乐谱上标明的。于是，教皇允许他到维也纳为自己辩护，最后教堂主人获得了成功，之后重获职位……

“我们不希望它落到别人手中……”

我们再回到莫扎特。星期三，当年轻的天才听完《上帝怜我》后，回到在罗马的居室里，他凭记忆将整部曲子写了下来。圣礼拜五，他再一次回到西斯廷教堂，并把手写本藏在帽子里，以便修改

记忆力测试

假设你有一只鸡、一袋粮食和一只猫在河的一岸，你的任务是把所有东西都带到河的对岸，但是船很小，只能容载你和其中的一件东西。同时，不能把鸡和粮食留下，否则鸡会吃掉粮食；也不能把猫和鸡留下，否则猫会把鸡追跑。你怎样用最少的渡河次数，把这三件东西都带到河的对岸呢?

解决方法如下：首先，带一只鸡到河的对岸，放下后返回。接下来，带粮食到河的对岸，同时将那只鸡带回。然后放下鸡，把猫带到河的对岸，和粮食放在一起。最后再回去把鸡带到对岸。

一些错误。4月14日，他的父亲利奥波德给妻子写了一封信：“……你经常听说的著名的《上帝怜我》禁止任何演奏家演艺，也极少复制给第三者，否则会被驱除出教会。但是我们已经拥有它了，沃尔夫冈抄录下来了。如果我们的在场对演奏不是必要的，我们将通过这封信寄回萨尔茨堡。但是，演奏对它的影响比作品本身大。另外，由于这涉及罗马的一个秘密，我们不希望它落到别人手中……”

莫扎特7岁的时候就在整个欧洲巡回演出，被人们尊崇为神童。之后，他在意大利进修，并有可能在那里凭记忆写下了阿列格里的《上帝怜我》。

莫扎特和父亲继续在那不勒斯游历，然后又回到罗马——在一次教皇音乐会中，莫扎特被封为金花环骑士——在博洛尼亚度过了剩下的假期。他曾向《上帝怜我》的一个拥有者马丁尼教士学习过，还结识了英国著名的传记作家和曲谱家查尔斯·伯尼博士。伯尼博士来到法国和意大利，为一本关于这两个国家音乐状况的著作收集资料。1771年底，伯尼博士回到英国后出版了自己的游记，以及圣礼拜时在西斯廷教堂演奏的音乐作品集，阿列格里的《上帝怜我》也在其中。从此，这个出版物结束了教皇的垄断，因为这之后这部作品被无数次印刷。

有个问题仍悬而未解

关于伯尼博士是如何获得复本的，存在着许多猜测。是来自梵蒂冈的教堂主人桑塔雷利？还是在看了莫扎特的手记，并与马丁尼拥有的副本做了比较后，出版的删改本？伯尼博士的版本不同于其他已知版本——官方的或者“盗版的”，可是为什么缺少了合唱团成员加上的“装饰音”？是否正如某些假设那样，伯尼博士想保护莫扎特，避免这个天主教国家的年轻公民被驱逐出教会？甚至他是否毁坏了莫扎特的手记？

所有这些假设依然存在，因为莫扎特的手记似乎并没有幸存，而它的不复存在同时又导致了所有关于这个手本真实度的争论落空。因而，问题的关键就在于，是否年轻的天才在14岁时就真的拥有如此超乎寻常的记忆力……

莫扎特效应

关于“莫扎特效应”的资料不计其数，这一领域也引起了广泛的争议且用以商业炒作。然而，是否各种音乐都有助于我们集中注意力和记忆呢？

许多人都喜欢边工作边听音乐。公园里跑步的人，孩子们做功课的时候，开会的人们，还有购物的人们，每日都聆听着自己的音乐。人们都各自戴着耳机，畅游在自己的世界中。音乐真的对工作有帮助，或者能让人心情舒畅吗？

毫无疑问，在聆听音乐的时候，你能同时开展你的工作，但让人质疑的是，你是否也能全力地集中自己的注意力。

记忆信息时不要在周围摆放电视。因为你看到电视就不能专注于手头的工作。即使是无趣的表演或电视剧，只要有选择，你就不会选择手头的工作。如果你只是听着电视里的声音，你会禁不住遐想，这样的背景音乐下会是什么画面呢？于是，你就会放下手上的工作，试图很快地瞥一眼。虽然你可能会再回来工作，但是你的注意力就很难再集中了。

第十六节 自传性记忆

对于大多数人而言，“记忆”一词最先能让我们想起的是个人世界，我们自主地保留着对自己实际经历过的事件的记忆。然而，简单观察一下就会发现，这种记忆不仅仅由一系列实际发生过的事件组成。

自主与不自主记忆

当我们回忆过去时（例如很久前与朋友的一次晚餐），经常需要几秒钟的时间才能想起细节。事实上，我们先要经过一般性的回忆进行确认，比如是在生命中的哪个时期发生了这一情景（我们是学生的时候），然后上溯到同一类属的事件（在这个时期与朋友的聚餐）。就这样以精神努力为代价，我们找回当时的片段。这个过程有时非常艰难漫长，需要集中注意力有意识地进行记忆重组。一些记忆可能被扭曲，而承载着深厚感情的（我结婚的那一天）往事就能快速地被想起。

对许多往事的回忆都是由同时出现的一些特殊迹象引发的：一种气味、一种味道、一段旋律、一个词语，或者一种想法、感情或思想状态（参考下页图解）。在马塞尔·普鲁斯特的小说《追忆似水年华》中有许多这类描述：玛德兰娜蛋糕放入一杯茶水中、从佩塞皮埃医生的汽车中观看马丁维尔的钟楼、香榭丽舍大街一个公共洗手间的气味、勺子与餐碟碰撞的声音……作者用了“自主”和“不

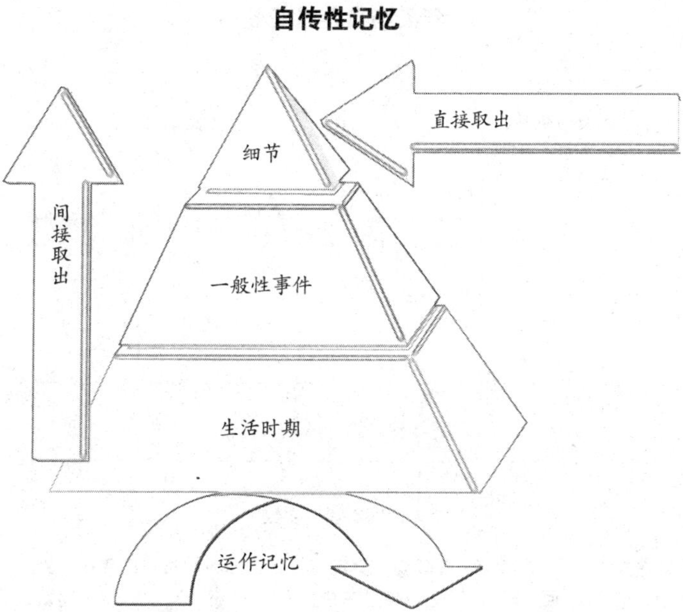

自传性记忆

直接取出
细节
间接取出
一般性事件
生活时期
运作记忆

有两种方法可以找回自传性记忆：第一种依靠一个诱发线索（绿色箭头）；第二种依靠重溯生活时段与一般性事件（橙色箭头），并需要利用运作记忆。

自主”这两个术语来区分不同的记忆重组方式。

情景记忆和语义记忆之间的差别

为了解释这一现象，神经心理学家提出了情景记忆和语义记忆之间的差别。情景记忆使我们能在脑海里重温某些情景，有时伴随着发生在特定时间和空间里的细节（我在学校的第一节课）。这些记忆再现通常由心理图像引起，但是我们也能找出和当时有关的感情或情绪。

在语义记忆中，关于我们自己的信息（周围人的名字、我们的爱好等）和一般事件的信息（我们在乡下过的周末、在学校的生活等）是以互补形式存储的。因此，重溯一般性事件其实是为了找回

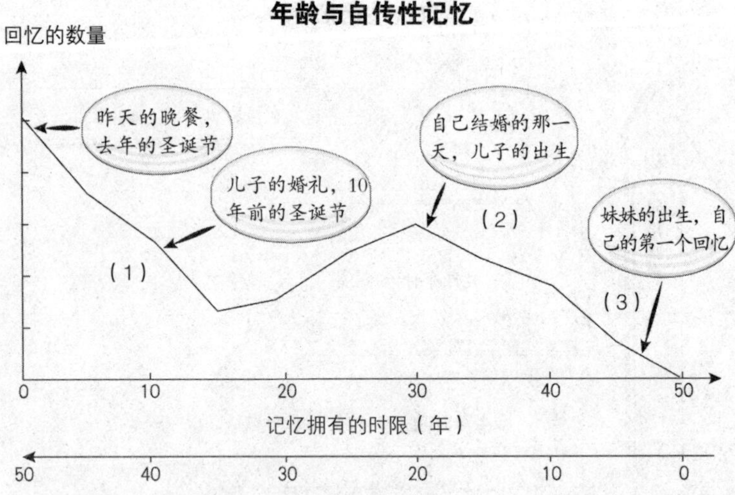

这条曲线展示了一个人在 50 年里，其自传性记忆随时间推移的变化趋势。可以看出，随着时间的推移，记忆的数量在减少（1），在 10 ~ 30 岁之间编织了最多的记忆（2），而在 3 ~ 4 岁前个人记忆几乎缺失（3）。

拥有共同特点的特殊事件。不容忽视的是，情景记忆和语义记忆之间存在着相互过渡和转化。

演员的视角与观察者的视角

受情感重大影响的事物带着大量细节被持久地保存在我们的记忆中，这些情感的印记以强烈的再现感为特征，即表现为确切意识状态的再现。在这种情形下，我们倾向于依靠记忆中所保存的和最初事件相同的观点来重现片段。这种“演员的视角”被认为结合了片段记忆，而“观察者的视角”（就像我们看电影那样）则更多地体现出语义记忆。

年龄与自传性记忆

一般来说，情景记忆历时越久，就越难以被忠实地保存，但是也存在许多例外。在 3 ~ 4 岁前，记忆是罕有的（儿童记忆缺失）。

10 ~ 30 岁之间构筑的记忆能保持得较为生动，40 岁后这些记忆将在回忆中占相当大的比例，心理学家称之为“记忆重生的顶峰”。因此，人生的这个阶段对构筑我们个人的特征是具有重大意义的。衰老对我们重温特殊事件（情景方面）是不利的，但不影响我们回忆一般性事件或者个人资料（语义方面），比如周围人的名字。

承载着深厚感情的事件通常能被很好地保存，然而，太强烈的感情有时会导致相反的效果。例如，抑郁有时候会引起情景记忆的衰退。

近事遗忘症

自传性记忆可能遭遇的主要障碍是近事遗忘症（一种由突然的脑部损伤引起的对既得信息的遗忘），这种病症可能影响识别能力。情景记忆的缺失是这种病症的表现之一，但语义记忆通常不受影响。一些解剖学和临床数据以及功能图像显示，在回忆自传性的情景时，额叶和颞叶右前部的连接处扮演着重要角色。

你的自传性记忆如何

可以通过多种方式来测试自传性记忆受损或者保存的能力，最常用的诊断方式是关于不同生活阶段的问卷调查。除了最近的 12 个月，童年到 17 岁、18 ~ 30 岁、30 岁以上、最近的 5 年，都被认为是特殊的时期。医生或者心理学家详细地询问被测试者在每个生活阶段发生的特殊事件（例如一次印象深刻的相遇），并且让他们说出具体的时间和地点，然后将结果与其他家庭成员提供的信息做比较。

其他测试方法还有向被测试者展示一系列的词（街道、婴儿、猫等），然后要求他们说出第一次接触这些词的情景，并确定具体时间；又或者评估他们表述一系列情景的能力。测试较少用个人线索（照片或者家庭逸事）来引发回忆，但是得到的结果与其他测试方法几乎无差别。

第十七节
前瞻性记忆和元记忆

当回忆过去的生活情景时，思维似乎自然地转向过去。然而，在回溯性记忆之外，还应该具备前瞻性记忆，它对我们的生活来说也是必需的，因为它能使我们想起在未来应该履行的行为。

记住将要做的事

“不要忘记带面包回来”“要记得投寄这封信”“中午不要忘记吃药”……查看日程簿是用来减轻记忆压力最广泛的方法。为了确保其有效性，前瞻性记忆存储的信息应该表现为：要履行的行为和应该实现的时间，以及应该开始的最佳时间。前瞻性记忆的有效性只有在想起的那一刻才被确定，因此，在记忆时动机和背景是首要的。一旦我们拥有一个填得满满的日程表，就要时不时想着去翻看。

每个人都对不时会忘记做一些事情而感到负疚，而且这还令人非常沮丧。这种类型的记忆的好处是易于改善。只要稍微有点条理，再加上一些简单策略的帮助，就可以提高这方面的记忆。有时，生活似乎被许多小事所占据，“有条理”可以帮助你理清思路，以便处理更为有趣的事情。

为什么我把手巾打了个结

这个象征性的“结”表明线索的重要性与直接关联性。事实上，所有记忆都通过线索被异化了，这些线索或者来自外部环境，或者是由我们自己创造的（明天我应该……）。如果需要找回的记忆缺乏外部线索，那我们将更多地依赖内部线索。

经过面包店这样的简单事实，可以帮助我们建立有效的外部线索来使自己想起应该买面包。当所要实现的是一系列相互联系的行为中的一部分时，记忆重现通常是比较容易的。例如，当我们已经花了许多时间调制正在烤的面包时，很少会忘记在恰当的时候关闭烤箱。然而，买蛋糕是一个相对孤立的行为，因此我们极有可能忘记。

我们可以利用某些工具或者自己创造一些线索，比如做饭时使用定时器，又比如在手帕上打个结。一定要选择好辅助工具，因为这些工具不仅要具备时间提醒功能，还要让我们知道该做什么。这种情况下，在手帕上打个结表达的内容就不那么详细和明确了。

元记忆

所谓元记忆是指对记忆过程和内容本身的了解和控制。换句话说，元记忆是有关记忆的知识。个体对自己的记忆功能、局限性、

前瞻性记忆的运行

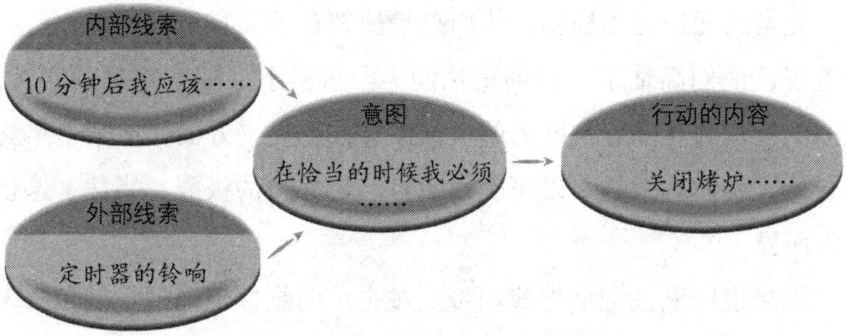

内部线索
10 分钟后我应该……
外部线索
定时器的铃响
意图
在恰当的时候我必须……
行动的内容
关闭烤炉……

前瞻性记忆存储的信息应该表现为：要履行的行为和应该实现的时间，以及开始的最佳时间。

困难以及所使用的策略等的了解程度，就代表了他的元记忆水平。以下是元记忆参与记忆的三个阶段。

⊙ 学习：知道怎样学好某条信息。

⊙ 储存：知道自己认识某条信息。

⊙ 重组：知道如何重新找回某条信息。

达利出生于哪一天

可能大部分的人会回答“我不知道”，并且不会在脑海中去寻找答案。是元记忆给了我们一个确定度，去判断是否有机会找到某条信息，或者想起过去和即将发生的事。没有元记忆，我们将总是处在徒劳的寻找中。

当我们评估自己拥有的文化知识时，元记忆就开始工作了。它总是参与我们的决定，包括最实用的那些。在使用新洗衣机前是否应该阅读说明书？在女儿去学校前是否应先在地图上查看下路线？在填写字谜时是否有必要查阅字典？为了理解一篇文章，是否最好从浏览图表开始……

对策略的恰当评估能使我们的记忆更有效率，并且能改善我们获知和回忆的能力。

一种脆弱的记忆

儿童的元记忆很模糊，他们总是被教育不要忘记一切。直到大约七岁，他们高估了自己的记忆能力。事实上，随着年龄的增长，他们的记忆力伴随着判断力的增强而加强。另一方面，从某个年龄段开始，我们越来越难以正确判断自己记忆力的极限。当然，这也因人而异。

如果说回溯性记忆把我们带回过去，前瞻性记忆把我们带去未来，那么元记忆则告诉我们目前的记忆能力。

第三章

记忆与生活保健

第一节

寻找记忆和健康间的平衡

健康是个出现相对较晚的概念。不久之前，当我们的身体拒绝按照大脑的指示运作时，当疾病阻碍了生命的正常进程时，我们还不是很担心。如今，健康变成了大多数人关心的问题。在西方社会，人们开始意识到健康与否可能不仅与饮食有关，还和生活环境有关。针对疾病的预防还发生过激烈争论。伴随着思想的转变，还出现了生活环境的变化和信息源的增加。今后，每个人都会要求知情权，满足自己关于健康的好奇心。

没有全能的秘方

一个人“很健康”确切指的是什么？世界卫生组织定义健康为“一个人身体的、精神的和社会的完满状态，不只在于没有疾病或者缺陷”，这意味着对个人整体状态的关注。

酒鬼和饮酒过多的人每天杀死 6 万个脑细胞，比少量饮酒或滴酒不沾的人高出 60 个百分点。

从这种笼统的定义中，我们知道，如果在日常生

我们记得

- ■帮助我们生活的信息
- ■我们注意什么
- ■什么对我们是有意义的
- ■我们做什么
- ■什么使我们能连接到以前的知识
- ■什么是我们利用记忆术或者其他记忆手段进行编码的

我们忘记

- ■那些对我们来说不重要的
- ■我们没有全身心投入的
- ■我们没有练习、复习、使用的
- ■那些记忆中很痛苦的事情
- ■长时期的压力干扰了大脑的功能
- ■我们没有主动激活记忆的暗示

活中遵循一定的规则，就可以保持健康。

从身体到精神，良好的生活保健带来的好处只能通过长期的努力得到，而这并不总是容易实践的，每天我们都在寻求有助于平衡的原则。关于记忆，也有一些有用的建议可以帮助你更好地认识大脑的功能和需求，以避免一些暗礁。但是，我们并不因此就鼓吹神方妙法或者轻易地承诺。

需要优先重视的平衡

为了保持良好的记忆力，健康的心理是必不可少的，压力、过度劳累、焦虑都是需要避开的陷阱。夜晚的睡眠修复有益于记忆的质量和效率，睡眠和做梦在巩固记忆方面扮演着一定的角色。

健康均衡的饮食是机体良好运行的保障，对大脑也不例外，在接下来的几页中将向你展示大脑特殊的新陈代谢需要一些特殊的物质。我们的目的不是建立菜谱配方来增强你的记忆能力，而是建议你以理性的方式饮食，并保持快乐的多元化。

要避免的暗礁

酒精、药品、毒品等，如今已经被明确为记忆的敌人，因为它们的有害成分直接作用于记忆功能。还有一些物质和某些生理因素对记忆也具有潜在的影响，例如动脉高血压、糖尿病、烟草等都有可能促成脑血管意外。不要认为，我们的智力功能不受这些导致心血管系统危险的因素的影响。

你是否曾经停下忙碌的工作，考虑过世界卫生组织 1984 年提出的警告？暴露于电磁场和超低频电场会改变人的细胞、生理及行为表现。

第二节 大脑所需的营养

个体在年龄、饮食、健康、营养状况等方面的差异给制定一个大众化的、有益于神经健康的建议带来了麻烦。在开始食用新补品之前，一定要咨询有信誉的营养专家或有治疗经验的医生。

人体中所有已知的蛋白质都由 20 种氨基酸组成；其中的 12 种可以在体内生成，因此被称为“非必需氨基酸”。另外的 8 种，即必需氨基酸，则要从饮食（或营养补品）中获得。科学家发现，含有某些氨基酸的补品能增进精神警醒、缓解疲劳，并提高大脑敏捷度。

氨基酸

苯基丙氨酸是一种重要的氨基酸，它为制造儿茶酚胺提供原材料。儿茶酚胺是一系列神经递质，包括去甲肾上腺素、肾上腺素和多巴胺等。儿茶酚胺对精神警醒和精气神儿有促进作用，在传递神经冲动的过程中作用也很大。苯基丙氨酸能够消除精神抑郁（在 80% 的情况下），提高注意力、学习能力和记忆力，并能控制食欲。它通常含在鸡肉、牛肉、鱼类、蛋类和大豆中，摄取之后身体会产生更多的酪氨酸（对精神警醒有重要作用）、多巴胺（对治疗帕金森症有重要作用）以及去甲肾上腺素和肾上腺素（对学习和记忆有重要作用）。人到 45 岁后，体内一种抑制去甲肾上腺素的酶会增多，所以随着年龄的增长要特别注意苯基丙氨酸及它的影响。

另一种被称为酪氨酸的氨基酸在医学上具有抗精神抑郁、提高记忆力和加强精神警醒的作用。酪氨酸通常含在鸡肝、干酪、鳄梨、香蕉、酵母、鱼类和肉类中。马萨诸塞州纳提克的美国陆军环境医学研究所于1988年宣称酪氨酸既是良好的兴奋剂，也是在压力下促进精神和身体表现的镇静剂，且没有不良反应。身体利用废弃的苯基丙氨酸（另一种氨基酸）就可以制造出酪氨酸，两种酸都产生影响情绪和学习能力的神经递质去甲肾上腺素。大多数记忆力补品都包含活性的苯基丙氨酸、酪氨酸和谷氨酰胺。

身体内的生化过程产生了一种被称为谷氨酸的非必需氨基酸，它是大脑的燃料并控制着多余的氨物质。但是，关于谷氨酸最有趣的是，它是除葡萄糖外唯一作为大脑燃料的化合物。谷氨酸通常含在所有小麦和大豆中。人们早就知道，要想更好地记忆和学习，需要提高谷氨酸水平，以前的问题是它无法以补充的形式被大脑吸收。可喜的是，研究人员已经发现谷氨酸的一种——谷氨酰胺能够穿越保护大脑的障碍，起到促进智力的作用。除了对记忆力有好处之外，

水果里富含提升多巴胺水平的物质，多吃水果有助于保持记忆。

谷氨酰胺还能加速溃疡的恢复，对酗酒、精神分裂、疲劳和嗜好甜食也有正面作用。

磷脂

磷脂通常存在于脑细胞脂肪中，包括卵磷脂、磷脂酰丝氨酸、磷脂酰基乙醇胺和磷脂酰基肌醇。所有的磷脂都能提升细胞膜的流动性，这对细胞灵敏性、营养加工和信息转移十分重要。卵磷脂和磷脂酰丝氨酸对记忆力的作用，通过帮助提高脑内乙酰胆碱数量、刺激大脑新陈代谢和细胞流动实现。

食用胆碱是神经递质的前身——乙酰胆碱，它对学习和记忆很重要。实验表明，胆碱可以提升人的记忆力、思考力、肌肉控制力和连续学习能力。心理专家说："我们的实验显示，让人摄入胆碱可以惊人地提升25%的记忆力和学习能力。"

胆碱通常含在富含卵磷脂的食物中，如蛋黄、三文鱼、小麦、大豆和瘦牛肉。

另外，临床心理学家、马里兰州贝塞达记忆评估学术会议研究员托马斯·科鲁克博士说，补充磷脂酰丝氨酸最多可能逆转12年的跟年龄增长有关的脑力衰退。在他的研究中，每天服用100 ~ 300毫克磷脂酰丝氨酸的病人表现出了15%的学习能力和记忆力的提高。20世纪70年代的实验支持了科鲁克的发现。除此之外，磷脂酰丝氨酸还对帕金森症、阿尔茨海默病、癫痫和与老年脑力衰退有关的精神抑郁有治疗作用。X光检查和脑电图显示，磷脂酰丝氨酸刺激几乎所有大脑区域的新陈代谢。磷脂酰丝氨酸还可以保持细胞膜的灵活性，以应付因时间而硬化的细胞结构。

第三节

大脑所需的食物

我们知道，有一些食物对记忆是有好处的，而不一定求助于"库埃法"（一种积极的自我暗示法）或者替代药品的效应。一些简单的规则也可以优化大脑活动，使记忆保持如初。

我们需要做的是，给大脑不断供应能量，以便在记忆的同时保持警觉，并满足生物细胞和亚细胞膜的需求。在细胞中，亚细胞膜负责分离各个特殊区域，细胞核包含着遗传物质，线粒体确保能量的产生，神经末梢传递信息。大脑新陈代谢的特殊性需要某些绝对

促进思考的食物

在马萨诸塞理工学院进行的一项研究中，研究人员让 40 个男人（18 ~ 28 岁）吃了一顿火鸡（含 3 盎司蛋白质），然后让他们做一些复杂的脑力工作。另一天，这些人又吃了 4 盎司的小麦淀粉（几乎是纯粹的碳水化合物），然后在相同条件下再次挑战大脑能力。结果不出营养师们的意料，记录显示，与早先的蛋白质餐相比，吃下碳水化合物后大脑表现有显著的下降。其他研究同样证实了这个结果，进而发现，40 岁以上的成年人似乎比年轻人更易受碳水化合物效应的影响。事实上，年龄较大的这组人吃过大量碳水化合物后，比同龄的只吃蛋白质的人在注意力集中、记忆和做脑力工作方面困难了两倍。

优先的物质，包括慢糖、维生素、有机物、必不可少的脂肪和脂肪酸等。

提供能量的慢糖

大脑所需能量的紊乱会引起记忆的扭曲，至少会降低我们的警觉性，因为无论白天还是黑夜，大脑一直都需要能量，比如碳水化合物（一种特殊的糖）和氧化物。即使休息时，大脑也需要消耗摄入的食物能量和氧气的 20%。在儿童体内，这个数据大概高一些，对于婴儿来说甚至可能高达 60%。成人的大脑只占其体重的 2%，按比例它比其他器官多消耗 10 倍的能量。因此，大脑的平衡和效率取决于人体所吸收的食物的质量。

从早餐开始

低氧或缺少葡萄糖三分钟，将不可挽回地杀死神经细胞，这些物质的减少将妨碍大脑地正常运转。可怕的血糖过低只能用慢糖来预防，这种糖在机体中的分散是缓慢的，但却是有规律和有效的，可以从谷物、面条、大米、豆科植物、土豆等中摄取。

实际上，我们应该听从一些建议，在早餐时吃两块糖、一些果酱和面包。在一整天，如果把长棍面包（30 ~ 40 厘米长）作为糖类的唯一来源，那么大脑需要不少于 3/4 的面包所含的能量。因此，分散很慢的糖类，尤其是面包里的糖，在每一餐都是必要的。

在睡觉前

甚至在睡觉的时候，大脑需要的能量也毫不减少。在夜间，大脑组织将分类并储存在日间得到的信息。医学影像表明，白天学习期间所调动的大脑区域在夜间将再次被调动。

如果将大脑比作计算机，那么我们可以把这个程序描述为“记忆文档”，或者比作硬盘的“碎片整理”，即通过一个小程序把那些分散“写入”硬盘的数据按类型重组在一起。因此，睡眠不良会让白天的智力努力白费，而轻度睡眠将使其平庸。相反，如果睡眠良好，对已经学过东西的重组将在第二天运用得极为出色。

做梦期间，某些大脑区域会多消耗 20% 的葡萄糖，在做噩梦的时候则更多。这意味着晚餐不应该太少，至少应该包括一些含慢糖的食物。如果晚餐离睡觉的时间很长，一小撮李子干可以在夜间维持葡萄糖在血液中的稳定含量。

重要的脂肪是必不可少的

神经元和其他脑细胞（为数更多），以及它们之间良好地运转需要竞争力和适应力强的组织结构。因此，我们不但“需要”脂肪，而且没有它，生命将不能继续。

大脑需要来源于食物的脂肪

维生素 F 是一种不饱和脂肪酸，包括亚油酸和 α－亚油酸。细

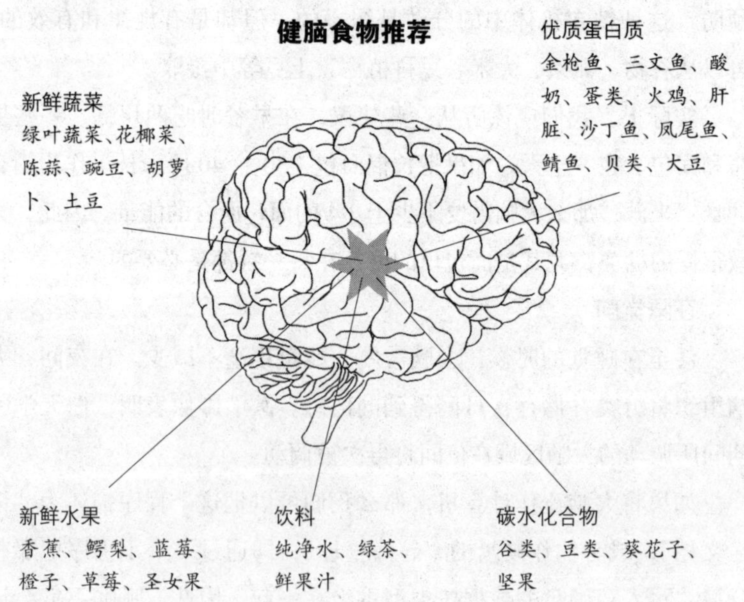

胞（包括神经元）膜周围都是由脂肪构造起来的，这些复杂惊人的组织构成了生命传递的中心，确保了细胞间生物电和化学信息的传递。因此，从逻辑上可以说，大脑是神奇的膜的聚集，是富含脂肪的器官，仅次于脂肪组织。

在大脑里脂肪提供的能量并不多，也不起保存能量的作用。然而，它直接参与复杂的组织结构的构造。所有的生命形式都由细胞构成，不同的细胞之间通过生物膜而定义和分类。这些膜是存在于液体间的油膜，以双层脂的形式存在。

α－亚油酸的缺乏

先在动物身上，之后在婴儿身上进行的试验表明，缺乏一种属于 ω－3 族的脂肪酸——α－亚油酸，会破坏细胞膜的组织和功能，造成轻度大脑功能不良，感觉器官不敏感，还会影响某些脑组织，导致快乐感微量减少。随着年龄的增长，视觉和听觉能力的减弱会造成大脑处理感觉信息的性能降低，这与内耳和视网膜损害造成的影响是一样的。

摄入不足

在法国，人们对 α－亚油酸的摄入还未达到法国饮食健康安全处要求指标的一半。这个数据主要根据营养饮食科技所八年来对 13000 多名志愿者的研究得出。食用植物油能提供的 α－亚油酸非常有限，仅仅为 9%。

现在，法国人可接受的带有足够的 α－亚油酸食物主要有油菜油、核桃油、核桃和一些特殊的蛋——蛋 ω－3（统一商品名，附有高质绿色标签，以区别于其他种类的蛋）。

ω－3 的长碳链包含了 EPA 和 DHA，EPA 具有 20 个碳原子，是二十碳五烯酸的缩写；DHA，是二十二碳六烯酸的缩写，具有 22 个碳原子。EPA 和 DHA 共同的名称是脑酸，因为它们是在大脑中被发现的，但目前在法国还没有发表任何关于摄入这些物质的评估。我们知道脂肪多的鱼，如三文鱼、金枪鱼、鲱鱼、沙丁鱼、鲭鱼、鳟鱼、火鱼等，一般都富含这些物质。如果这些鱼是快速饲养的，那么喂养鱼的饲料必须引起关注。

其实，养殖鱼类的营养价值完全根据它能提供的脂肪质量来分类。在某种情况下，野生鱼类含有的 ω-3 比同类的养殖鱼高 40 倍。这样的话，养殖鱼类的脂肪就不值得推荐了。

吃多点还是吃好点

对肉类和奶制品，建议选用优质的（例如使用亚麻谷物得到的产品），而不是吃得多，因为它们同时会形成其他种类的脂肪，特别是饱和脂肪。

钙和脂肪对婴儿大脑产生髓磷脂至关重要。牛奶提供了髓鞘形成所需要的所有营养。

最好更多地食用菜籽油和野生肥鱼（或者正确饲养的鱼）。大多数酸醋调味汁应该与油菜油（或者核桃油）一起烹调，并用密封的瓶子来保护脂肪酸 ω-3 不被氧化。

医生建议，一个星期至少吃两次高脂肪的鱼。

需要高质量的蛋白质

大脑是由细胞组成的一个神奇的“机器”。为了正常运转，细胞需要一些特殊的酶和蛋白质的帮助。神经元之间的传递物质其主要成分是氨基酸，因此氨基酸对人体来说是必不可少的。我们一般从食用性蛋白质中摄取所需的氨基酸，其中动物氨基酸的营养价值比较高，可以从肉类和鱼类中获得，蛋类和奶制品含量也较高。

供给神经元的维生素

鱼类食品中含有大量维生素 A。

酶和蛋白质要起作用必须依赖维生素和矿物质。让我们来看看主要的维生素和它们为大脑服务的特殊性能。

所有的维生素中，维生素 B_1 对大脑的作用最大，它使大脑能够利用葡萄糖作为能量来源。扁豆、火腿和动物肝脏富含维生素 B_1，但这些食物中的维生素 B_1 对热、潮湿和酸性环境很敏感，烹调中维生素 B_1 的流失量则由食物本身和烹饪方式决定。

缺乏维生素 B_3 引起的疾病以前被命名为“测试的痛苦”，表明了这种维生素在精神病学中的作用。动物的肝脏和肾脏、火鸡、三文鱼中都含有大量维生素 B_3，这种维生素在热、潮湿的环境中稳定，且抗氧化。

缺乏维生素 B_1 和维生素 B_3 引起的反应，只有和维生素 B_2 一起应用才能达到合理的平衡，维生素 B_2 确保维生素 B_1 和 B_3 的协调利用。牛奶、蛋类、动物内脏都含有维生素 B_2，但在烹调中也会部分流失。

维生素 B_{12} 的缺乏会引发神经综合征。这种维生素在牡蛎、动物肝脏和肾脏、鲱鱼、蛋黄中能找到。

老年人缺乏维生素 B_9（叶酸）会导致智力活动和认知能力的下降，首先受到影响的是记忆力。因此，适当地食用菠菜、小扁豆、西蓝花、蛋类是非常有必要的。

维生素 C 大量出现在神经末梢中，它参与正常的神经信息传递，并对记忆非常有益。

维生素 E 在硒的帮助下能防止衰老，特别是脑部衰老。植物油

“磷”化大脑

最早的化学家在分析人类大脑时（特别是在巴黎，研究人员把埋在墓地的尸体转到地下墓穴中时），发现里面含有很多磷。于是，他们简单地推论，大脑思考和记忆都因归功于磷。从此，含磷丰富的食物被广泛推荐用于活化大脑、支持神经元运转和增强记忆。然而，今天我们知道这种磷并不以单独的形式存在于大脑中，通常它包含在特殊的脂肪中，即磷脂。磷脂含有 ω-3，它们直接参与所有细胞膜和神经元的构造与运作。

中富含维生素 E，比如菜籽油，以及由向日葵、油葵花（一种含有大量油酸和维生素 E 的向日葵）、菜籽和葡萄籽合成的油。

铁引起的氧化作用

只有在饱含氧的情况下，大脑才能保证记忆功能的正常运转。然而，氧只能由红细胞携带到脑部，为实现这一运作过程需要足量的铁，而铁只能从食物中获取。

黑香肠、肉类、火腿和鱼所富含的铁能够在消化时被人体良好的吸收，而菠菜中的铁几乎是无用的，因为极少生物可利用到其中的铁。许多疲劳症状实际上是缺铁的表现，在法国，四分之一的女性由于月经失血而造成成比例地缺铁。

锌参与味觉和嗅觉的感知功能，海鲜中锌的含量非常丰富，比如牡蛎、贻贝和某些鱼。碘的缺失会使人变成“克汀病患者”（呆小症患者）。克汀病分为两种，一种是地方性克汀病，这是由于某一地区自然环境中缺乏微量元素碘，影响了人体甲状腺素的合成，从而引起“大粗脖”；另一种是散发性克汀病，主要是由于先天性甲状腺功能发育不全所致。神经系统的正常运行则需要一定量的镁。

第四节
锻炼大脑和身体

我们不能回避这样一个事实——健康的改善会提高整体的身体状况，同时对记忆力和注意力有很大好处，即，存下新的信息并学习的能力。最起码，如果我们更加熟知不同生活方式因素的影响，就能理解自己为什么会遇到问题并开始对它采取措施。因此，任何人要做的最重要的一件事，就是争取养成更加健康的生活习惯，并在成功时感到满足。

下棋是充满乐趣的有意义的脑力游戏。既是智力的角逐，又是思维的较量。经常下棋，能锻炼思维，保持智力，防止脑细胞衰老。

游泳是一项全面锻炼身体的活动，可以加强心肌功能，增强身体抵抗力，还可以提高学习、工作效率，学会冷静思考，提升记忆力。

锻炼大脑

有证据证明，思维练习是保持大脑活跃和身体健康的根本。它有助于释放某些对免疫系统功能来说重要的化学物质，因而可以防止大脑的疾病和退化。

我们建议在生命的各个阶段锻炼自己的大脑。如果你的日常工作未能为你提供思维刺激，那么试试做思维游戏或做填字游戏，或者下棋、玩扑克牌。这些活动中有些还是非常增进友谊的，所以，它们还可以帮助你避免屈服于诸如寂寞、紧张以及沮丧之类的问题。

要使记忆力良好的运作，就要使自己精神抖擞。你不可能在所有时间都能有效思考。切记，你的身体和思想是一致的。事实上，你对自己的思维一清二楚。你的思维里没有存储的事物是永远都不会存在的，因为一旦你意识到某个事物，它就已经在你的思维中扎根了。你要照看好自己的身体，它非常重要。如果你希望自己的思维敏捷，下面的一些提示你一定要牢记在心。

锻炼身体

锻炼有助于保持健康的血糖水平，它还能释放大脑中有助于刺激记忆功能兴奋的有利的化学物质。锻炼还能帮助我们抵抗紧张并保持健康，而所有这些都会带来更好的注意力和记忆。如果你属于喜欢进出健身房或者每周都游几次泳的人，那就没问题。如果不是，则可以采用其他方法以保证得到经常性的身体锻炼：

（1）如果路途不远，与其驾车不如走着去。

（2）不要乘电梯，走走楼梯。

（3）上上舞蹈课或者瑜伽课。

（4）如果你是坐办公室的，午饭后出去走走，不要一直坐着不动。

（5）定期和朋友打打网球或慢跑。

你不需要整天待在健身房里，但是你一定要有充足的锻炼，使自己的身体和思维运作有效。如果你讨厌剧烈运动，可以趁空气清新时遛遛狗等。为何不向前迈一步，尝试一下长时间的漫步或者游泳呢？不管长时还是短时的锻炼，收效都颇大。

记忆力测试

请仔细地观察下面的这些扑克牌，有的可能被压住了一个角，但你还是能判断出是哪张牌。然后，在另一张纸上写出你都看见了哪些牌。

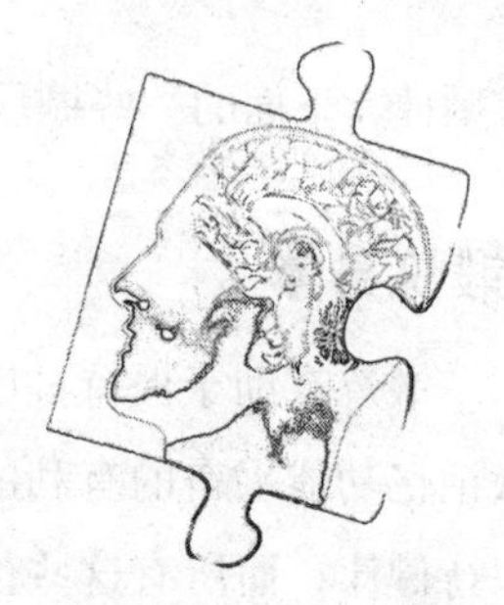

第五节

健康饮食

人们一直以来都在寻找发掘记忆潜能的最好方法，后来发现这种方法存在于食物中，做到均衡饮食、摄取足够的营养对记忆非常好。基本上没有一本食谱是专门为了改善记忆力而写的，也不存在所谓的吃了对记忆力好的食物，记忆力就会变好，这是一种长期坚持的过程。一般来说，大脑为了正常有效地运行，需要丰富多样的食物来提供充足的营养。

营养搭配合理

合理的营养是增强记忆的物质基础。记忆是紧张的脑力劳动，需要消耗一些能量和蛋白质，同时记忆的形成也需要一定的物质结构基础。脂类、蛋白质、碳水化合物、矿物质、水和维生素等六种营养成分是大脑的必要营养素。对于大脑而言，这六种营养素是缺一不可的，只有保证了这六种营养素的均衡摄取，才

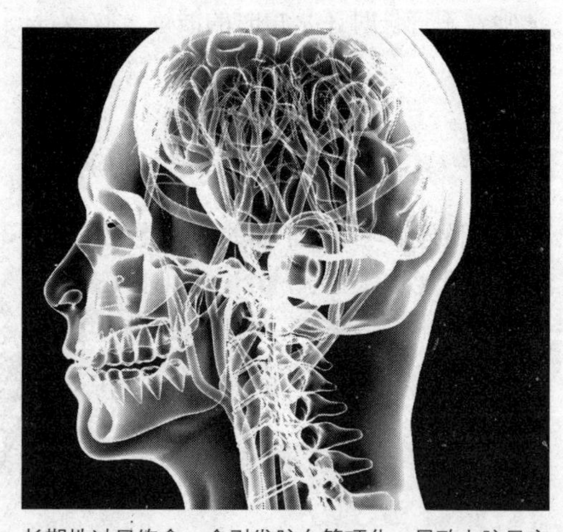

长期地过量饱食，会引发脑血管硬化，导致大脑早衰和智力衰退。

能保证记忆力正常运转。

在你吃下食物后，有两种氨基酸会先后到达你的大脑。一种是来自碳水化合物的色氨酸，另外一种是来自蛋白质的酪氨酸。如果吃完饭后，你想让你的大脑依然保持清醒，那么最好是酪氨酸先到达；如果你打算饭后就睡觉，那最好是色氨酸到达。

蛋白质

一日三餐要确保蛋白质、脂肪和碳水化合物均衡、充足地摄取。

要摄取足够的蛋白质，每天至少吃一顿有肉类、鱼类或蛋类的

长联句读

请你给下面一副长联加上标点：

五百里滇池奔来眼底披襟岸帻喜茫茫空阔无边看东骧神骏西翥灵仪北走蜿蜒南翔缟素高人韵士何妨选胜登临趁蟹屿螺洲梳裹就风鬟雾鬓更苹天苇地点缀些翠羽丹霞莫辜负四围香稻万顷晴沙九夏芙蓉三春杨柳

数千年往事注到心头把酒凌虚叹滚滚英雄谁在想汉习楼船唐标铁柱宋挥玉斧元跨革囊伟烈丰功费尽移山心力尽珠帘画栋卷不及暮雨朝云便断碣残碑都付于苍烟落照只赢得几许疏钟半江渔火两行秋雁一枕清霜

答案：

五百里滇池，奔来眼底，披襟岸帻，喜茫茫空阔无边！看东骧神骏，西翥灵仪，北走蜿蜒，南翔缟素，高人韵士，何妨选胜登临，趁蟹屿螺洲，梳裹就风鬟雾鬓，更苹天苇地，点缀些翠羽丹霞，莫辜负四围香稻，万顷晴沙，九夏芙蓉，三春杨柳。

数千年往事，注到心头，把酒凌虚，叹滚滚英雄谁在！想汉习楼船，唐标铁柱，宋挥玉斧，元跨革囊，伟烈丰功，费尽移山心力，尽珠帘画栋，卷不及暮雨朝云，便断碣残碑，都付于苍烟落照，只赢得几许疏钟，半江渔火，两行秋雁，一枕清霜。

饭，大脑需要蛋白质来保持一个良好的状态。

蛋白质不会在我们需要的时候转变为葡萄糖，但它可以通过消化分解为组成神经递质的氨基酸分子，当然，不见得要吃下大量的蛋白质，也不见得蛋白质会让人变得更聪明，可是大脑缺少了蛋白质，它的功能必然会减弱。实验证明，蛋黄有助于增强记忆力，这是因为蛋黄中含有丰富的胆碱，当胆碱与大脑中的乙酸发生反应，就生成乙酰胆碱。乙酰胆碱是神经系统中传递信息的化学物质。如果大脑中含有充足的乙酰胆碱，那么就可以改善神经细胞之间的信息传递，从而提高记忆。含有胆碱的食物有山药、茄子、番茄、花生、萝卜。

碳水化合物

适量吃些具有碳水化合物的食物。在饮食中缺乏碳水化合物将导致全身无力，疲乏、血糖含量降低，产生头晕、心悸、脑功能障碍等。例如，吃一些面条、土豆和面包，这些食物可以使神经镇静下来。在饮食中碳水化合物过多的时候，碳水化合物将转化成脂肪贮存于体内，就会使人过于肥胖而导致各类疾病。

维生素 C

注意补充维生素 C。脑营养学家建议，人在疲劳的状态下，补充维生素 C 能够增强注意力。具体做法是，每个星期吃两次饱和脂肪含量高的鱼。当然不是说，吃鱼就会使我们有的记忆力变好。最起码吃鱼会为我们的大脑补充营养，对记忆力有一定好处。

低脂肪

少吃高脂肪的食物。它为脑细胞提供了许多天然原料。一般脂肪的新陈代谢在身体里会经历一个漫长的功能过程，这个过程所需要的时间远远多于其他营养物质。为了完成这个过程，血液会从其他器官流入胃中，这个时候，脑部血流量会减少。这就说明，为什么吃完高脂肪的食物后注意力就会减退、思考能力就会减慢。低脂肪的食物容易消化，也能保持动脉的健康，还可以使头脑更加清醒、注意力更加集中。

除了上述常见的一些营养成分之外，糖和咖啡因对记忆也有影响。

葡萄糖会产生刺激大脑的交流和蛋白质的生产的化学能量。英国科学家让学生在下午的时候喝高葡萄糖，研究了喝完之后的效果，发现学生们的注意力有了很大提升。不过，有些个案表明，儿童由于高糖饮食引起了过度兴奋和学习能力下降。我们的身体也需要血糖来提供能量。如果是低血糖，学习和做事表现都不太好。

人们一直研究咖啡因的影响。一项研究发现，一杯咖啡中所含的咖啡因足够影响对学知识的回忆能力脑。然而另外一项研究发现，咖啡因在许多指标上都可以促进大脑的表现。这就是咖啡矛盾的地方，它既可以刺激大脑，同时又可以减少大脑内血液的流动。咖啡因的确可以使人的精神迅速振奋并持续六小时之多。当然，任何事情都要有度。咖啡因会对一些人产生副作用，在饮用咖啡后如果出现神经过敏、多汗、头痛、失眠等症状，一定要停止饮用。

我们平时需要均衡摄入各种营养素，特别注意维护体内的酸碱平衡，只有这样才能使我们的大脑处于清醒活跃的状态，最大限度地提高记忆。一般我们吃的主食米和面属于酸性食物，在副食中，鸡蛋、紫菜、肉类、虾、啤酒、白糖等都属于酸性食物。碱性食物如蔬菜、水果、豆类、海藻类、咖啡、牛奶、茶等。此外，还应该注意克服偏食、吃得过饱等不良饮食习惯，最终达到改善脑功能、从根本上提高记忆力的目的。

第六节

睡得好才能记得好

良好的睡眠是保持健康的关键，因为睡眠参与脑组织的重构并使大脑与外界环境分离。每个人对睡眠的需求不同，成人平均每天需要七个半小时的睡眠。睡眠正常是生活保健的第一步，最好在固定的时间起床和睡觉，并且早起，在晚间应禁用咖啡、茶和烟。当然，睡眠不只是简单而有益健康地暂时中止体力活动。对于人类，它扮演着极其复杂的角色，梦就是一个鲜明的证据。研究人员做了详细调查，以明确睡眠在记忆机制中的确切作用。

1960 年，关于反相睡眠在记忆中的功能最终见了天日。这种类型的睡眠直接与梦的阶段有关。其介入了遗忘与陌生的过程，对大脑中神经元新回路的发展是必要的，而神经元新回路的产生对巩固记忆是不可或缺的。

学习和睡眠质量

在动物和人身上观察到的行为提供了反相睡眠重要性的最初线索。我们让实验中的小白鼠从事一项新活动，以观察它们睡眠的变化。结果在学习新技能之后，我们发现小白鼠的反相睡眠时间变长了，通常可达 36 小时或更长。而在其他实验中，是慢相睡眠时间变长。

在人类身上，情况更为复杂，因为在新的学习后，反相睡眠并不总是增加。例如，如果我们给被测者戴上棱镜，几天后他们就能够学会自我调整视觉，而他们的反相睡眠长度并不增加。研究人员

克服飞行时差反应

飞行时差反应常常会导致记忆出差错。如果有人坐飞机跨越几个时区旅行，破坏了帮助人们早起晚睡的正常生理节奏，就会出现这种情况。它会让你感到疲惫不堪并迷失方向，而且破坏你的睡眠模式。近期的一些证据甚至证明，经常飞行并反复遭受飞行时差反应可能会对人的大脑功能产生长期的影响。女性的飞行时差反应总体上来说比男性更强烈。如果你不得不飞行，试试以下几点：

只少量地进食并只喝水（而且是大量的）。

做些锻炼并尽量放松休息。

尽量合理地睡上一段时间（不要整晚看电影）。

不要盲目地追求非自然的睡眠帮助。例如，安眠药这类药物通常会对记忆和大脑产生负面作用。

也仔细观察了在考试期间学生的睡眠，结果是多样的：有时候反相睡眠增加，但有时候并没有变化。在其他情况下，只是眼球的活动在睡眠期间变得更活跃。

我们可以观察到，记忆的一个关键阶段——学习，会影响睡眠的质量，特别是对反相睡眠的影响。如果这种睡眠消失会怎样？是否会对记忆产生严重影响？

反相睡眠对隐性记忆的影响

我们可以通过在适当的时候将一个人唤醒，或者通过某种抗抑郁药物来消除紧张因素，来避免进入反相睡眠阶段。一个人在几个月甚至几年内被这样实验的话，对记忆将没有任何消极影响。然而，在动物身上，我们发现免除反相睡眠会导致记忆力减弱。

对某些事物的回忆，尤其是那些储存在显性记忆中的事物，在睡眠的第一阶段之后就变得渐渐清晰，这时慢相睡眠占优势；当回忆与隐性记忆相关的信息时，尤其是睡眠的第二阶段时，反相睡眠占更大比例。因此，反相睡眠可能对隐性记忆，而非对显性记忆有影响。

神经元活动与睡眠

与记忆和睡眠有关的行为观测给出了一些答案，同时又引出了许多新的问题。研究人员必须一直探寻到神经元内部。神经元的活动支持着记忆和所有的认知功能，它们是可以被观测的，因为它们是以生物电的形式传播信息的。海马脑回是直接与记忆相关的大脑结构，所以也是被研究得最多的。

观测首先在活体动物身上进行，在不同的生活环境里，被观测动物的神经元的电活动会表现出不同的节奏和顺序。通过观测还发现，白天真实的神经活动会在夜晚的梦里“重演”。这种现象尤其出

在不同状态下的大脑

根据不同的大脑电活动（EEG），我们把觉醒和睡眠分为四个阶段：

◎ 平静苏醒（当刚睡醒，而眼睛还是闭着的时候）阶段：大脑电活动在 8 ~ 12 赫兹之间，无眼球运动，肌肉紧张。

◎ 积极觉醒（眼睛睁开）阶段：大脑电活动迅速、电压低，眼球运动和肌肉紧张并存。

◎ 慢相睡眠阶段：大脑电活动逐渐减缓，无眼球运动，肌肉紧张存在，但不广泛。

◎ 反相睡眠阶段：大脑电活动接近于轻度慢相睡眠阶段，眼球活动迅速，身体紧张消除，极少的面部肌肉和手脚肌肉保持紧张，在睡眠的这个阶段最典型的表现为梦。

现在慢相睡眠阶段，当然在反相睡眠阶段也会出现，这还与长期协同增效作用有关。

保证良好的睡眠

保证良好的睡眠一定要有合理的作息安排，形成习惯。

睡眠只是一个简单的暂停吗？实际上，在安静的表面背后，复杂的程序，比如梦，参与巩固着我们的记忆。

首先，遵守睡眠时间和规律。良好的睡眠应遵循作息节律，每天按时睡觉，按时起床，保证睡眠的时间。长期形成的睡眠规律不要随意改变。至于睡眠的时间因人而异，每个人都知道自己睡几个小时就会达到最佳睡眠的程度。

其次，建立起良好的睡眠模式，接下来就要抵制一些诱惑，避免影响正常的睡眠。例如，上网玩游戏、看电视连续剧等。

另外，午休也非常重要。经过一上午紧张的工作和学习，要是在中午休息时间里能睡 10 ~ 15 分钟，就可以消除疲劳、恢复大脑兴奋、振奋精神。需要注意午睡时间不要太长，避免影响夜间的睡眠。

需要特别注意的是，我们要尽量避免在白天睡觉，避免在晚上喝酒和含有咖啡因的饮料。要注意睡前饮食。晚餐不要吃得过饱、过腻，也不要吸烟。这些东西会刺激大脑，让大脑处于兴奋状态，不利于睡眠。但也不能饿着肚子睡觉，这样血液中的养分太低，也会睡不着。

如果半个小时之内还没有睡着，那就起来做一些事情，让自己放松一下，等到感觉疲惫了再上床休息。

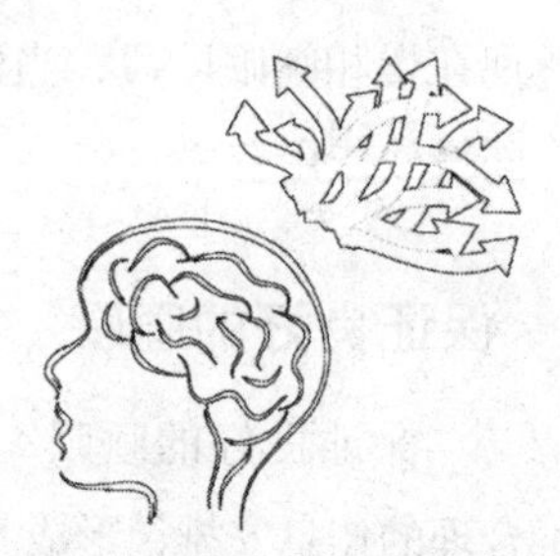

第七节
记忆的敌人

相比之下，我们了解更多的是记忆的敌人，却较少知道使记忆正常工作的物质。记忆的敌人包括某些药品（如苯化重氮和抗胆碱类药）和所有毒品，其中我们研究最多的是酒精和北美大麻，实验和临床观察都证实了这些物质对记忆的毒害。

苯化重氮类药物

这个药学类别几乎包括所有的安定剂和大多数的安眠药，其药效最先由麻醉师发现。20 世纪 60 年代，麻醉师们试图发明一种药物，使病人安宁的同时让他们忘记要手术的部位。因此，暂时遗忘曾是一个被追求的效果。

历经几个小时的记忆“空洞”

如果一个还在苯化重氮类药物影响下的人被吵醒，他的行为是完全正常的，但是他不记得正在发生的事情。尤其是第二天，他会很震惊地发现自己已忘了前一天周围发生的所有事情，甚至是显而易见的事，比如中途换航班、进餐等。

实际上，苯化重氮类药物造成了几个小时的“近事遗忘症”，其持续的时间根据具体药物的不同而不同。以前的记忆完全还在，推理和集中注意力的能力也没有受到影响，因此接受测试的人在服药后还能保证行为正常。但是在药物作用下，近期发生的事被遗忘了，不能再想起来。第二天，只剩下残缺的记忆（几小时的记忆“空洞”），而最近事件的记忆又恢复了正常。

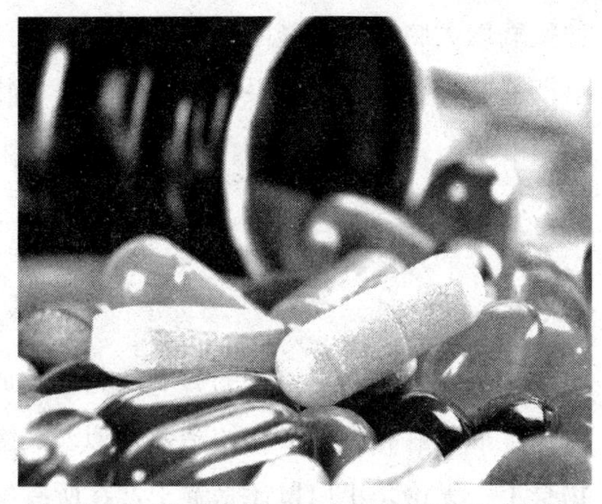

药物对人的记忆力的影响是显而易见的，为治疗其他病症而长期服药的人，记忆力的衰退程度是惊人的。

对焦虑者的效用

然而，这种有害的作用（被实验证明的）在日常生活中很少发生。在反复使用药物后，药效将极大地减弱，因为机体会逐渐适应这种药物。另外，苯化重氮类药物似乎总是开给焦虑者的处方。焦虑是记忆障碍的根源所在，为了消除记忆障碍，镇静剂的作用显得尤为重要。然而，如果焦虑症或者抑郁症患者长期服用苯化重氮类药物，当他抱怨自己的记忆力衰退时，人们总会把这种记忆障碍归咎于此类药物的影响。

抗胆碱的药物

顾名思义，这类药物包含了一些抑制乙酰胆碱功能的成分，而乙酰胆碱是在记忆过程中起重要作用的神经传递者。我们将这类药物分为两种，纯粹抗胆碱性药物（尿道障碍、帕金森病的处方，或者一些辅助性的药物，如安定剂）和伴随具有抗胆碱性的药物（大部分的第一代抗抑郁药物）。

抗胆碱的药效已经以试验的方式在健康志愿者身上被证实了。药物所包含的分子会造成几小时的“近事遗忘症”，与苯化重氮类药物引发的情况相似，该药会阻碍患者回忆以及集中注意力和运用推理能力。在医学实践中，这种作用尤其会在体弱病人身上产生惊人效果，主要表现在阿尔茨海默病和路易体型失智症的潜伏期。这两种疾病以大脑乙酰胆碱的缺失为特征，并伴随着记忆障碍。在疾病早期症状并不明显，如果使用抗胆碱类药物则会加重病情，甚至让病情变得复杂。这也是为什么在老年人身上应慎用所有抗胆碱类药物的原因。

大麻

关于北美大麻对记忆的影响及其起效成分，研究人员已得到了共识。抽大麻和直接吸食的结果相似，关键是吸食的量更大。在动物身上，无论是小白鼠还是猴子，在所有的测试中记忆能力都被损坏了，其中大部分是空间记忆能力。

在偶尔吸食者身上，大麻的客观效果以及引发的对记忆的干扰与酒精的效果非常相近。当面对精确任务（例如学习一组词）时，记忆能力随着摄入量的增加而减弱。同时，集中注意力的能力也随之下降。在这种毒品影响下的人会有对刺激反应更快的倾向，但是以这种不恰当的方式进行复杂思维时就需要花更多的时间。在经常吸食者身上，精神紊乱现象更加明显，并且不仅影响记忆，还影响智力的发展。

酒精对记忆的伤害

酒精为什么会影响记忆呢？因为酒精可以影响到大脑中被称为谷氨酸的化学物质，谷氨酸这种化学物质会妨碍大脑形成新记忆。尤其是酒精会损害人对记忆名字或电话号码这类事物的能力，另外，酒精还会造成诸如昨晚做了什么、发生过什么的记忆空洞。即使是喝一点点酒，也会破坏你对小段信息形成记忆的能力。酒精还会降低我们的注意力、判断力，以及已经形成的记忆的再现能力。

一个人喝酒量的多少决定了对记忆力影响的大小。比如说，一晚上喝三瓶酒和三个晚上喝三瓶酒相比，一晚上喝三瓶酒对大脑的

记忆和刺激

药店和保健品店是各种提高记忆力的药物和配方的最大供应商。他们所供应的诸多相关的非处方类药品，号称能增强记忆力，甚至能预防这方面的疾病。对此我们应该如何看呢？一个不幸的事实是，真正的记忆良药根本就不存在。那些广告宣传的所谓的“灵丹妙药”，成分只不过是一些维生素，其中有维生素C（据说它能增添活力，促进血液循环）还有矿物质，通常声称是从一些奇异的据说有魔力的植物（例如银杏叶、人参、大豆、木瓜等等）中提取的。不管什么配方，很多这种类型的药被证实毫无效果。

影响会大很多。过量的饮酒会增加我们体内的毒素，太多的毒素使我们的身体本身无法及时排出，就会导致饮酒过后剧烈的头痛，毒素还会刺激胃部，引起胃部的疾病。饮用大量的酒还会造成几个小时的记忆缺失，如果是经常性的狂饮酒，有可能会导致记忆力的彻底丧失。

长期饮酒会造成营养不良。酒精中除了卡路里，根本没有营养成分。一些喝酒的人会出现只喝酒不怎么吃饭的情况，这样下去必然会导致营养缺乏。尤其是会造成维生素的缺失。维生素的缺失会引起什么样的记忆疾病呢？

例如，缺失维生素 B_1。维生素 B_1 主要包含在动物内脏、谷物中。这种维生素会促进神经细胞和心脏细胞的新陈代谢。当维生素 B_1 缺少时，会造成在记忆循环中起中转作用的乳头状细胞出血坏死，导致严重的认知障碍、幻想症、多变的记忆缺失、完全知觉混乱，这些疾病一般情况下是永久性的。

因此，饮酒的人应该正确补充维生素，避免出现以上病症，加大维生素 B_1 的量是必不可少的。很多人发现，随着年龄的增长，自己身体对酒精的承受能力逐渐变差。以前能喝两瓶酒，现在酒量越来越小，喝半瓶都不行，还感觉到醉得很快，并且宿醉更厉害。在我们年龄增大，大脑也同我们一起老化的时候，如果还要大量地饮酒，对记忆的伤害会更大。

酒精对男性和女性的影响。酒精对女性的影响比男性大，由于男性体内的总含水量高，所以酒精能被稀释或能更有效地从体内排出去。然而对于女性而言，酒精会以高浓度的形式，长时间储存在女性体内，这样就更容易伤害女性的记忆力。

我们每个人的身体素质不同、性别不同、年龄不同，所以酒量也不同。在喝酒的问题上，一定要了解自己的酒量，这样才能更好地保护自己的大脑和记忆。最好不要在午饭时喝酒，喝了酒会影响下午的表现。如果在必要的场合，需要喝很多酒才能应付，那么在接下来的几天里就不要喝酒了。喝酒可以帮助人得到身体上的放松。在生活中，大多数人喜欢喝上一两口，尤其是人们过完了紧张忙碌的一天，当晚上回到家、休息吃饭的时候，就会打开一瓶酒喝起来，很可能喝了不止一两杯。

喝酒的时候到底喝多少才是适当的量呢？下面推荐喝酒时应该保持的量。

例如，一顿酒的标准或者一个单位指的是：一瓶啤酒、一小杯烈酒、一小杯红酒。男性，每星期不超过 15 个单位，每周最好有两天不饮酒，每天饮酒不要超过两个单位。女性，每星期不超过 10 个单位，每天最多不能超过两个单位，每周有两天的时间要滴酒不沾。怀孕期的女性不要喝酒。

切记不要每天都喝酒，如果你已经在喝酒了，就严格要求自己遵守上面的标准。总之，一定要控制饮酒的量，不要有经常喝多的习惯，经常喝多会对记忆的正常发挥产生消极影响。

第八节
记忆的疾病和障碍

器质遗忘症

器质遗忘症是因与记忆功能相关的大脑区域损坏而导致的记忆丧失。许多疾病都可能导致遗忘症，如脑血管意外、肿瘤、阿尔茨海默病等。在某些情况下，注意力障碍源于记忆的困难，如帕金森病、意识模糊遗忘综合征。

随着年龄的增长，许多人身上自然地表现出记忆力下降。但是，在某些情况下，记忆障碍与神经或精神疾病有关。

如果与神经有关，这些障碍的出现是由于某种疾病造成了大脑损伤，或者是由于意外影响了记忆的重要区域。

我们用“遗忘症”这一术语定义的这些障碍，主要存在两种类型。

⊙ 近事遗忘症：特征是从疾病突发开始无法记忆新信息。

⊙ 远事遗忘症：即难以找回在疾病突发前已经存储的信息。然而，患者一般能保留他们先前的个人经历，以及基本文化知识（语言、概念等）。

与广为流传的错误观点相反，源自神经的遗忘症更常见的是关于近事的，而非关于远事的。遗忘症患者没有失去程序性记忆能力，他们中大部分能以潜意识的方式记忆信息并影响自己的行为，却不为自己所知。

记忆障碍根据引发疾病的原因或损伤的位置的不同而不同。例如，巴贝兹回路双边损伤将导致严重的和永久的记忆障碍。巴贝兹回路左侧损伤，患者将更多地表现出对于记忆与语言相关的信息的困难；而回路右侧损伤，则更多地阻碍对视觉信息的学习和方向的辨别。

遗忘症可能是暂时的或永久的，也可能逐渐地或突然地出现。一般地，突发性遗忘症出现在脑血管意外、疱疹性脑炎、颅骨创伤后。顾名思义，遗忘症突发即突然出现且持续几个小时。渐进性遗忘症暗示着大脑有肿瘤或者其他疾病，如阿尔茨海默病。以下是一些主要的遗忘症。

科尔萨科夫综合征

该症于 1888 年，由俄罗斯医生科尔萨科夫提出。尽管这种病症很罕见，却是综合性遗忘症的一个代表性例子。

该综合征一般突发在慢性酒精中毒或缺乏营养的人身上。患者瞬时间忘记自己生活的一切和周围人对他所说的一切，然而他们并没有失去智力，他们的行为正常，例如知道如何下棋，但是一旦棋

被保存的记忆形式：克拉帕莱德的手腕

1911 年间，瑞士医生埃杜阿荷·克拉帕莱德（1873–1940）每天早上都向一位患有科尔萨科夫综合征的女病人问好，但女病人每次都认为这是他们的第一次见面。一天，克拉帕莱德在手中藏了一根刺，女病人被刺痛手心后马上就忘记了。

一会儿，克拉帕莱德再次走了过来。他伸出手，这次女病人却拒绝跟他握手，并谨慎地把手藏在背后。但她并不能解释自己的这种行为，因为她认为自己是第一次遇见克拉帕莱德医生。女病人显然在潜意识中保存了被刺扎疼的记忆。由此可见，潜意识记忆能够影响遗忘症患者的感情和行为。

局结束，他们将马上忘记自己参与过的游戏和取得的胜利。

这种遗忘症几乎是永久性的，可能是由于缺乏某种人体基本需要的维生素所致——维生素 B_1。这种物质的缺乏会造成大脑中应用于记忆的双乳体结构损坏。

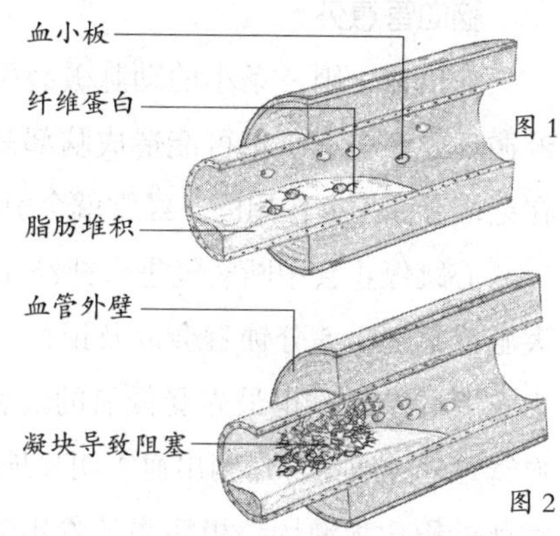

如果胆固醇含量过高，致使脂肪堆积(图1)，血液中就可能生成过多的纤维蛋白。纤维蛋白包裹血小板形成的凝块(图2)有可能会造成脑梗死。

尽管患有严重的遗忘症，患者还是能够以隐秘的、潜意识的方式学习，并且能通过行为表达出来。除了科尔萨科夫综合征，过度地慢性摄入酒精也会增加损伤大脑某些区域的概率，并且引起酒精中毒，导致痴呆。

双海马脑回遗忘综合征

在某种程度上，海马脑回是进入记忆回路的入口，海马脑回的损伤自然会导致严重的遗忘症，最典型的是 H.M. 的例子。1953 年，医生为治疗 H.M. 严重的抗药性癫痫而给他做了手术，之后 H.M. 就患上了遗忘症，因为手术中医生切除了他大脑内的扁桃核结构和海马脑回。手术后,H.M. 的记忆能力不超过几分钟。他的短期记忆（或者运作记忆）是正常的，但是无法把信息转移到长期记忆系统形成持久的记忆痕迹。尽管如此，H.M. 保留了正常的程序性记忆能力，因而他能够读和写。

疱疹性脑炎

疱疹病毒感染会引起颞叶边缘区域和海马脑回严重坏死，从而导致近事遗忘症和某些已获知识的遗失，以及行为障碍。这种遗忘症通常是严重的、永久性的。

脑血管意外

脑出血（因一条小的动脉破裂引起）或脑梗死（因大脑静脉血液循环中断引起）都可能造成脑部某一区域的损毁。如果该区域是在记忆方面发挥作用的，经常就会引起记忆方面的障碍。

心跳停止会中断氧气进入神经元，从而可能导致严重的遗忘症。大脑低氧 3 ~ 5 分钟就会危及记忆。海马脑回区域是记忆功能中极为重要的结构，也最先受低氧的危害。在最近的 15 ~ 20 年间，脑血管意外（通常称作脑出血）明显地减少了，但在发达国家中仍然是致死的第三大原因。患病率随着年龄增长而急剧上升，75% 的患者都在 65 岁以上。

颅骨创伤

猛烈的头部碰撞会导致昏迷，甚至造成大脑损伤而影响记忆。最容易受到损伤的区域是颞叶和额下叶。颅骨创伤造成的遗忘与近事和远事都可能相关，如果患者昏迷的时间很长或属于深度昏迷，遗忘症会更加严重。

患者从来都找不回对创伤的记忆，但由颅骨创伤引发的遗忘症不会趋向恶化，除非是由于心理原因。尽管如此，很多患者都会出现持续记忆方面的困难，这种困难会干扰患者重新从事职业活动。

某些非常轻微的颅骨创伤可能导致暂时的记忆障碍，极为幸运的是其不会留下任何后遗症。

颅骨创伤的主要原因是交通事故，一半的严重颅骨创伤都是由此造成的，特别是年轻人。其他原因有意外跌倒（特别是不到 15 岁和 65 岁以上的人）、工作或运动意外，以及遭受袭击等。

帕金森病

帕金森病是最常见的神经疾病之一，它通常造成与注意力相关的短期记忆困难。除了普通的遗忘或难以跟随对方的谈话外，这种病症并不以明显的方式影响日常生活中的活动。

创伤后的暂时遗忘症

你看过《丁丁奔月》吗？向日葵教授从火箭上的一节梯子摔下来后，就出现了暂时遗忘。轻微的颅骨创伤不会让人失去认知能力，但可能造成暂时遗忘症。

运动造成的遗忘症

这一类的遗忘症多发生在年轻人身上，颅骨创伤经常是因为运动造成的（滑雪、足球、橄榄球，等等）。遗忘会持续几个小时，虽然暂时失忆了，但仍能正常地进行体育活动。这种遗忘症常引发一些令人啼笑皆非的情形：某个失忆的篮球运动员认为自己的球队已赢得了胜利；某个网球运动员认不出自己的妻子；某个足球队员忘记了自己现在球队的编码，只记得以前球队的编码……

没有后遗症

幸运的是病情总是向着好的方向发展，而且不会有任何后遗症。一段时间后，患者将恢复记忆能力，并且对遗忘症期间的生活没有任何记忆。这种病症可能是大脑颞叶内层区域受到轻微震荡所致。

由于疾病造成的病变位于大脑中对程序记忆起决定性作用的区域，因此学习某种技艺的能力会相应地受到影响，这就给患者使用新工具造成困难（例如电视遥控器）。20% 的病人——在至少 10 年的病变后——会出现不同于阿尔茨海默病的精神错乱，并伴有不太严重的遗忘症。

这种疾病通常以极为渐进和隐秘的方式出现，常见的症状表现为在休息的时候颤抖；运动障碍（运动减少或迟缓）；肌肉紧张增加，四肢和躯体硬化，这可能导致摔跤。其他症状还有书写字体极小、口语表达缺失、面无表情等。

意识模糊遗忘综合征

前面提及的遗忘症与记忆回路的损坏有关。另外，还会出现一些整体功能退化的现象，比如新陈代谢紊乱（血液参数改变，例如钙、葡萄糖、钾、钠的比例改变）或者药物（诸如苯化重氮之类的药物）对短期记忆的影响。短期记忆非常容易受到对事物的注意力的影响，这种疾病患者起初表现为意识越来越模糊和注意力不集中。随着病情的恶化，他们的长期记忆也会受到影响。

突发性遗忘症

突发性遗忘症是突然性丧失记忆。这是一种短暂的、暂时的，并且不会造成什么影响的障碍。

突发性遗忘症的表现

西蒙娜 63 岁了。一天早上，她回到家发现家被盗了。一个小时候后，女儿到家时，西蒙娜却问她："为什么门自己敞开着？"女儿提醒她刚才家被盗窃了。几分钟后，西蒙娜再次问女儿同样的问题。

于是，女儿吃惊地发现西蒙娜无法记住任何回答，她甚至不记得自己有两个外孙子。但她能正确地说出自己的名字、出生日期、家庭地址等，并且她对自己的遗忘症没有任何抱怨。

西蒙娜被带到急诊室，在那儿她仍然不断问同一个问题"为什么门自己敞开着"。医生尝试让她记住一些字词，但瞬间她就忘了医生试图让她记住的所有东西。然而，对她的大脑扫描并没有显示出任何异常。

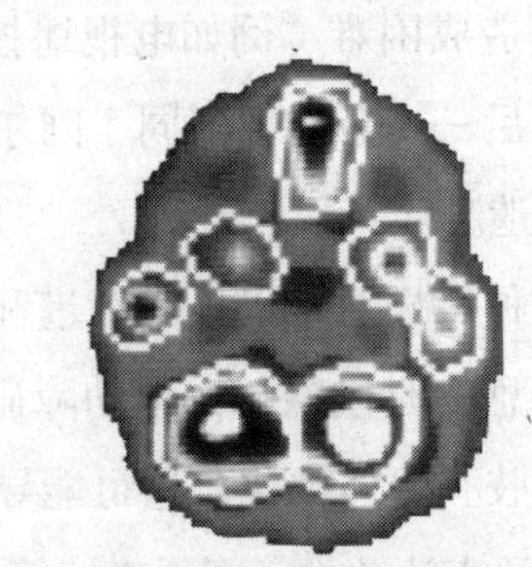

运用 SPECT 技术对大脑进行的检测显示了在突发性遗忘症患者发病期间，大脑颞叶和额叶区域存在异常。

第二天上午，西蒙娜就康复了。她不再停留在"为什么门自己敞开着"的问题上，她能想起所有人跟她说过的话，并且又认出了自己的外孙子。但是，她还是有 10 个小时的记忆空洞，在这10个小时内发生的事情，她什么都没有记住。

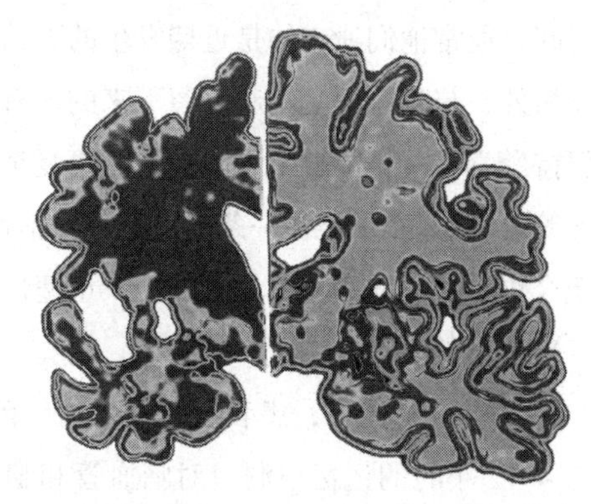

阿尔茨海默病患者的大脑横切面（左）和正常人的大脑横切面（右）的电脑比较图。由于阿尔茨海默病患者的大脑丧失了许多神经细胞，因此它相对要小一些。同时，它的表面也有更深的褶皱。

西蒙娜表现的是一种典型的突发性遗忘症（IA）。这种突然出现的记忆障碍，常令周围的人感到吃惊，但这种病症是暂时性的，并且影响很轻。

谁可能是突发性遗忘症的易感者

这种病症通常在50岁后突然降临，75%的病例都发生在50～70岁。患者表现出一些共同点：焦虑、追求完美或过度疲劳，其中25%的病例都是偏头痛患者。

我们发现在70%的病例中，有一半的情况与患者的情绪波动有关：争吵、被偷窃、不好的信息、某个人的意外去世。别的因素还有高强度或者非惯例的体力消耗、突然被投入冷水或热水中、长途开车旅行、剧烈疼痛、性关系等，突然的身体或心理状态的改变都可能引起自主神经系统的改变。

对记忆的影响

突发性遗忘症会迅速引起严重的失忆，同时伴随无法记住全新的信息（近事遗忘症）。参与的讨论、活动或发生的事情都会在一到两秒钟之后被忘掉，并且，即便是给患者提供一份多选的问卷，他们也不可能再次回想起这些事。患者经常提出关于时间、地点、实际职务或者近期事件的问题，并且不断重复。他们对自己的失忆毫无意识，然而表现出对某种焦虑的困惑。他们知道自己的身份，但是会忽略时间，通常他们遗忘的是近期发生的事情，而非很久以前发生的事情。另外，与程序记忆一起保留下来的还有语言和文化知识。患者完全保持警觉，并且能够毫无障碍地从事复杂的活动（开车、各种职业事务等），除非必须记住一条新信息。对他们的神经检查都显示正常，但至今仍没有任何治疗方法可以使其迅速恢复记忆。

突发的终结

症状会逐渐消失，患者有时候觉得“醒来了”，但他们仍然存在着 2 ~ 12 小时的记忆空洞。对脑血管和脑新陈代谢的测试显示出大脑颞叶或额叶区域存在异常，但这些不正常在几天后便消失了。

这种病症复发的概率极小（不到 5%），并且在 1 ~ 2 年内不会再突发。令人心安的是，我们没有观测到任何后遗症，并且不存在任何增加患脑血管意外或阿尔茨海默病概率的因素。

突发性遗忘症出现的原因是什么

突发性遗忘症出现的确切原因仍然是个谜。它既不涉及脑血管意外，也不是癫痫疾病。根据临床数据以及对大脑图像的观测，研究者认为，可能是大脑中靠近海马脑回的区域暂时失去功能。

强烈的情绪波动引起海马脑回区的神经递质谷氨酸的大量释放，在几个小时内阻碍了神经信息的传递，从而暂时中断了对新信息的学习。有时其他神经递质（神经降压素、后叶加压素、内啡肽）也会介入其中，特别是源于剧烈疼痛的突发性遗忘症。

阿尔茨海默病

阿尔茨海默病是慢性的神经疾病，是由精神损伤引起的神经逐渐衰弱。

阿尔茨海默病是一种大脑神经衰弱的疾病，以不可逆转的方式在几年间恶化，导致严重的记忆、语言和行为障碍。在非常罕见的由遗传原因造成的情况下，这种疾病可能从 35 岁就开始出现。这种疾病的患病率随着年龄的增长而增加，其中大约 1.5% 的情况发生在 65 岁以前，20% 发生在 80 岁以后，尤其是 65 岁以上的患者数量随着年龄的增长而增加。这种疾病确切的患病率（即在一天中病患的绝对数量）总是专家们讨论的话题，我们估计在法国至少有 70 万病人，每年诊断出 13.5 万个新病例。在至少 10 — 12 年间，这种疾病将会加重。

病因是什么

阿尔茨海默病是由于神经元内部和外部的损伤造成的，这些损伤要用显微镜才能观察到。损伤在蛋白质（如淀粉状蛋白质）沉淀周围形成，正常情况下蛋白质是神经元的重要组成元素，但是在这种情况下却变成不溶解的，并且是致病的。今天，随着神经显像仪的发明，科学家们也已在阿尔茨海默病患者中诊断出很多神经末梢退化的人。退化和神经纤维纠结越多的患者，智力及记忆的障碍就越大。

这是一种遗传病吗

在一些非常罕见的情况下（全世界只有几百个家庭），这种疾病是与一些特殊基因的突变有关的，这些特殊基因位于第 1、14 或 21 号染色体上。在这种情况下，50% 的家庭成员都会出现这样的基因突变，并且患上这种疾病，有的人四十几岁就患病了。

如果有一位直系亲属（父亲、母亲、子女、兄弟或者姐妹）已经患病，那么风险概率会更高一些。但是，这种概率与和年龄增长相关的风险相比是微不足道的。

疾病的征兆

阿尔茨海默病首先是一种记忆疾病。由于最初的损伤出现在主要负责记录新信息的海马脑回中，因此第一个症状表现为遗忘。这涉及真正的遗忘，不要与和疾病毫无关系的普通注意力困难相混淆。下面的表格列出了一些属于正常现象的例子和需要警觉的例子。

最初，遗忘只是偶尔的，之后逐渐变得频繁。这种恶化可能在

从正常到疾病	
正常的现象	应警觉的现象
难以想起不出名的人的名字（某个演员、远亲）	难以想起亲近的人的名字（孙子孙女、朋友）
想不起把一件常用物品放在哪儿了（眼镜、钥匙、遥控器）	不知道日常必需品摆放在哪儿了（衣服、餐具）
难以记住全新的事物（讲座的内容、一次参观或旅行）	忘记重要的家庭事件（家庭聚会、婚礼）
很难进行一项自己不喜欢的活动（填字游戏、打桥牌、参观博物馆）	进行自己喜欢的活动时会遇到困难（在家做家务、室内游戏）

几年中逐步加剧，并且长期不被发觉。随着时间的推移，情况恶化，遗忘将伴随着其他困难。患者在从事非习惯性和非经常性的活动时，表现出越来越大的困难，比如为旅行做准备、面对家庭突发事件（漏水、意外、故障）、处理行政文件或较复杂的会计事务（如申报个人所得税）。患者表现得越来越冷漠，对许多事情失去兴趣，甚至放弃以前最喜欢的消遣活动（集邮、缝纫或编织、协会活动、种植、绘画等）。

我们还观察到，患者对社会活动也失去了兴趣。大部分情况下，家庭内部的争吵都是由于一种与以前不一样的易怒的性格造成的。患者变得脾气暴躁，而且忍受不了哪怕一丁点儿的试探，即便这些试探显得很有分寸、很轻柔。

越来越严重的症状

记忆障碍越来越明显，直到影响日常生活的各种活动。患者无法想起或者非常困难才能想起某一天所做的事，甚至是当天发生的事情。遗忘逐渐涉及以前发生的重要事件、掌握的知识或者技艺，如孩子的名字、重要日期、缝纫技术、菜肴配方等等。起初，患者能够意识到并且抱怨自己的遗忘，之后对这种障碍则变得无意识。他们认为一切正常，然而周围的人越来越为他们担忧。

处于需要依赖别人的状态

其他的智力缺失也变得更加明显，最常见的是失语症和失用症（运用不能症）。失语症是一种语言缺失，患者难以进行正确的表达，并且不能理解别人对他所说的话。人们常将这种障碍与有意识地降低注意力相混淆（“他不听我们对他说的话”），实际上患者确实在听，但是无法理解较长的句子，并且不再知道某些词的意思。

照顾好你自己

照顾阿尔茨海默病患者需要许多时间、精力和体力。

对病患要采取现实主义态度

疾病状况将会恶化，一旦你接受了这个事实，就会在接下来的等待中变得更现实。

不要高估你的可能性

你所能做的是有限的，因此，对那些在你看来更重要的事情必须做出决定。

接受你所感受到的

你可能在同一天中感到满足、生气、愤怒、罪恶、幸福、悲痛、尴尬、惊吓、苦恼、充满希望或者完全绝望……这些情绪都是正常的。

照顾好自己

不要忽略你的健康。正常饮食和做运动，寻找自我放松的方式，你需要足够的休息。给自己一些时间做其他事情，远离疾病。

神经心理学检测

神经心理学测试可能持续1～2个小时。患者被安排在一个安静的房间里，戴着眼镜或者助听器。检查的第一部分是分析患者遇到的困难、热情度、对日常生活的反应等，也可能通过调查患者周围的人来评估他的病情。检查的第二部分专注于测验患者的语言能力、注意力、动作灵敏度，以及创造性和推理能力，并且将其与相同年龄、性别和社会教育的其他群体成员进行比较。

失用症是一种动作实现的缺失。当患者不再知道如何做某些事情的时候，比如如何使用简单的家用电器、缝纫工具、餐具或者洗漱及厕所用具，这可能会给日常生活带来麻烦。

疾病的恶化会导致患者失去自主能力，越来越不能自理，他们还可能忘记吃饭，混淆白天和夜晚。

更糟的是，并发症可能随时突然出现：抑郁、焦虑（特别是晚上）、越来越瘦弱、罕有的迫害幻想（某人偷了他的东西、有人进入他家、有人要伤害他、周围的人是骗子），甚至幻觉。

当所有这些行为障碍交织在一起时，患者不再能够理解周围的世界，不明白为什么人们都躲避他，并且不让他做想做的事。这样，他就会变得越来越易怒、动摇，甚至具有攻击性。

诊断的依据

诊断是由医生通过检测和临床测试，特别是神经心理学的测试（参见上框内文字）做出的。

我们一般通过抽血化验来确定是否存在维生素或者激素的缺失，因为缺乏这些物质可能导致与阿尔茨海默病相似的障碍。

大脑扫描和磁共振图像测试更复杂但更精确，可以确认记忆障碍是否由大脑肿瘤、脑血管意外、颅骨创伤的后遗症引起。

在患有阿尔茨海默病的情况下，如果各项检测都是正常的，或者显示脑容量只是轻微减小，那么更为特殊的情况是海马脑回的体积减小了。

治疗方法

十多年间，医生没有发现任何真正有效的药物能对抗这种疾病。1994 年，氨基四氢吖啶的出现才使情况有了改变。至今，已经有很多种药物投入了商业化生产。这些药物都是针对轻度期治疗和用于缓和阿尔茨海默病症的。2003 年，出现了针对此病症由不太严重向严重期转化阶段的治疗药物，这些药物能轻微改善或暂时性稳定阿尔茨海默病症。对于不同的患者来说，这些药物所起的作用是不同的，但是我们还不知道产生这种差异的原因。

现今研制的药物并不能使阿尔茨海默病患者痊愈，但是它们对一些症状有不少积极的作用。研究人员将会发现那些越来越有效的药物分子，并且我们有理由相信，这种疾病终究有一天会被攻克的。确实，现在正有不少研究方法同时进行着。但是，应该明白，一种新药物的成熟需要十几年的时间来证明其有效性和毒性。

如何护理阿尔茨海默病患者

患者应该有一位全科医生跟随着，必要时还需要有一位专科医生，为的是处理并发症和安排医疗及社会救助，并且向患者家属解释患者的情况。

护理一位患有阿尔茨海默病的朋友或者亲属并不是一件简单的事情。这是非常繁重的工作，通常会使人精疲力竭。在疾病的任何一个阶段，患者的自理行为都应该得到支持和鼓励，即便行动缓慢，即便做得不好，即便没有什么用。希望使患者接受自己遗忘的事实和认识到自己的错误行为并不能起到积极的作用，这种想法反而会造成双方的争吵，给双方都带来痛苦。在患者需要依靠他人的时候，帮助应该是逐渐进行的，要尊重患者本人的意愿。一些来自第三方（护士、生活助理）的帮助比来自患者自己的配偶或者孩子的帮助更容易被接受。与医生的交流是非常重要的，可以使医生了解问题的来由，从而避免一些错误行为，或避免给患者提供镇静药物，那样的药物经常造成病情的恶化。对所进行的活动的说明（时间表、路线图）可以帮助患者获得更大的行动自由，应该时刻注意患者的需要并适应他的行为方式。

你的一个亲近的人突然患了阿尔茨海默病，将是一个难以接受的事实。患者"能力的下降"，他表面上的冷漠会使人萌生一种把他掌握在手中，而非去帮助他的想法。有一点很重要，你应该知道有哪些办法可以帮助你，有哪些资料可以使你对这种疾病有更深入的了解。你也可以向所在地区的医疗服务部门或社会服务部门请求帮助。

在可能的范围内，你应该接受这种疾病并且照顾好自己。以下是法国阿尔茨海默病协会为你提供的一些比较实用的建议。

尊重的需要

尊重体现在每件细小的事情上：帮助患者穿衣服或者去洗手间；患者在场的时候，你和别人谈论他的方式……

感情和家庭环境的需要

你再也不能像以前那样向病人表达感情，他也不能再向别人表达情感，但手的接触、一个微笑都是很好的方式。

患者保持着对令其幸福的事物的依赖，他需要与家人和朋友保持联系。

沟通的需要

必须懂得倾听、交谈，有时候需要利用其他方法来传递信息。以下是一些有用的"技巧"。

⊙ 让他保持注意力。

⊙ 直视他的眼睛。

⊙ 缓慢而清晰地说话。

⊙ 一次只说一条信息。

⊙ 重复重要的信息。

⊙ 说话的同时展示出所说的实物。

⊙ 亲切和令人安心。

安全的需要

患者行为能力减退得越严重，他所需要的帮助越多。你应该尽可能多地让他自己去行动，同时要整理好他的房间以保证他的安全。从某一个时刻开始，为了不再让他自己开车，你就应该有所行动了。

重复的需要

激励一个毫无动机的患者需要很多想象力，想他以前曾经喜欢做的事情，并告诉你自己，重复做这些事情并不使他厌烦。

睡眠

患者通常整晚都难以入睡。因此，必须让他在白天从事体力活动，以便在晚上疲劳入睡。

闲逛散步

患者经常走动并且可能迷路。提醒邻居和小区的商贩，如果看到患者，让他们给你打电话。你也可以给患者带一个身份牌，上面

一名医生正在观看一位老年患者做测验，以便检查这位患者所患阿尔茨海默病的发展情况。在年龄超过 85 岁的老年人中，有超过 1/3 的人受到阿尔茨海默病的困扰。

留下你的电话号码和地址。

失禁

患者可能弄脏或者弄湿自己的衣服，借助标语牌经常提醒他去洗手间，尽量避免这些意外的发生。

怀疑

患者可能认为你或其他人试图伤害他。如果他丢了东西，可能怀疑是周围人偷的。告诉他我们明白他的困扰，并向他解释没有人会伤害他或偷他的东西。然后，引导他去想别的事情。

愤怒的爆发

患者可能对那些在过去并不能影响他的事情发脾气。

⊙ 你要保持冷静并且令他放心。

⊙ 让他安静，并给他创造安静的条件。

⊙ 排除困难或者让他远离棘手的状况。

⊙ 如果你感觉面临危险，就离开现场。

不可或缺的预防措施

这种疾病恶化得越厉害，你所照料的患者就越依赖你。以下是一些你需要考虑的方面。

疾病的司法状况

患者越来越不容易自己决定事情。因此，你应该找个在法律上可以代替他的人。关于物资保护的问题，有三种可行的解决方式。

司法保护：患者保持自己的公民权并管理自己的物资。第三者可以管理他的财产。司法保护也能够调整或要求取消理论上的契约文件。

对无行为能力者的财产管理：患者可以在日常生活中单独采取行动，但必须在财产管理人的参与下支配财产物资。

监护人：监护人在所有日常生活中代表患者。

急救

在电话旁边总是放着急救电话号码。

第九节
压力与记忆

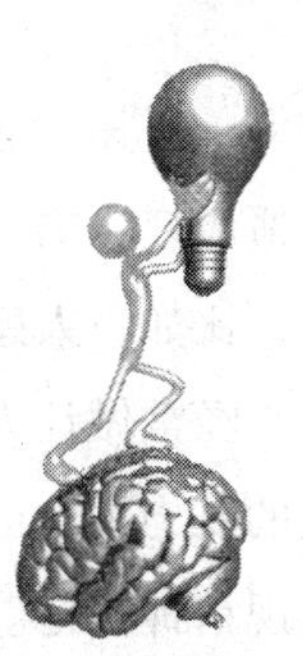

“压力”这个词已经列入了我们的词汇表，并开始被频繁使用了。可以说生活中压力如影随形、无处不在，我们却很难躲避压力带来的影响。我们经常听到的有现代生活压力、职场压力、社会压力等形形色色的压力。压力有正面和负面之分，要想沉着地应对压力，则必须认识和了解压力。

压力对人体的影响

在有压力的时候，如果你可以很快地做出适当的反应，它只是你的身体在竭力适应一种新情况时发出的一种信号，这样的压力被称为积极的压力，也可以说是一种正面的压力。这类压力充满了乐趣，让人感到很兴奋。短期压力在某种情况下会产生积极的影响，短期压力会使我们更有效地利用时间，比如，必须在一个小时里背完一篇稿子，那么在这一个小时里，就会给自己施加压力，保证背完稿子。

如果压力使人的新陈代谢减慢，具体表现为人处于疲惫的状态，身体抵抗力会随之下降，易感染疾病。这种现象如果反复出现的话，那么压力对人是有害的，也就是所谓负面的压力。长期压力产生的影响就很消极。在慢性刺激、疼痛或疾病下，比如，家庭矛盾、持续的身体或头脑疾病等，这些都可能会严重损害我们的大脑，削弱我们的学习和记忆能力。

事实上，压力是人的身体应对外界变化时所进行的自我调节，是身体适应变化的一种体现。人可以感觉到自己的身体对压力做出的反应，比如，人感觉到焦虑、疲惫、没有食欲、变得消极、睡眠被打乱、经常做让人提心吊胆的梦，还有就是不能集中注意力。在更严重的压力下，会引起过敏、消化不良、疼痛、皮肤病等，还有可能出现精神恍惚。以上这些都可以归结为是慢性疲劳综合征的表现。一些研究者认为，慢性疲劳综合征是在严重的压力下身体不适加剧，就好像系统瘫痪了一样，再也应付不了任何压力变化。

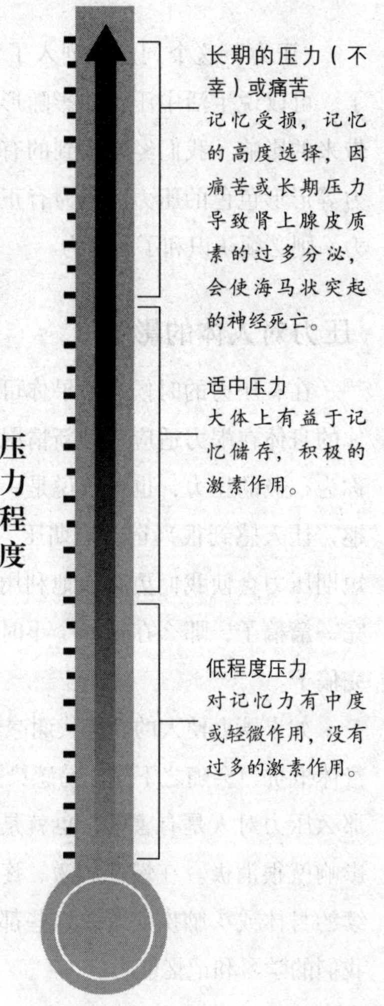

怯场

当人因时间紧迫而感到压力很大时，就会变得紧张而焦虑。人一旦变得焦虑，注意力和专注力就会受到影响，导致记忆力变差。比如，在压力之下，人们会出现怯场的反应。

怯场，通常是站在台上，面对大众时出现的反应，但是这样局促不安的生理反应在台下也会出现。例如，在上台之前突然大脑一片空白；在没有准备的情况下，课堂上老师突然向你提问等。

怯场的反应，是人会突然

产生压力的社会环境（比如贫困和恶劣的住房条件）已经被证明是导致精神障碍的主要因素。社区心理学（或者一级预防）的目标是在社区范围内通过改善社会生活条件减少居民患精神障碍的风险。

感觉到大脑混乱，心跳加快，血压升高，身体紧张发汗，不能集中注意力，全身都很不舒服。就像是处于危险中，身体会释放大量的压力激素到血液中。

怯场还会导致不由自主的身体颤抖、说话结巴、暂时性遗忘等。遗忘的恐惧能够诱发足够的压力，从而导致记忆回路的瘫痪。但这只是暂时性的，你只需要重新开始，就可以重新启动整个记忆系统。你的记忆系统重新开始正常工作，你的怯场也会消失。要克服怯场的现象，还可以了解自己的生理变化，学习减轻紧张害怕的技巧，还有就是要提前做好心理准备。

努力缓解压力

面对压力时，要采取正确的做法。尽量避免采用一些不正确的缓减压力的方法，比如酗酒、吸烟、暴饮暴食、不参加活动、睡得太多、回避问题等。这些方法不仅不正确，而且长期这样会带来很多危害。

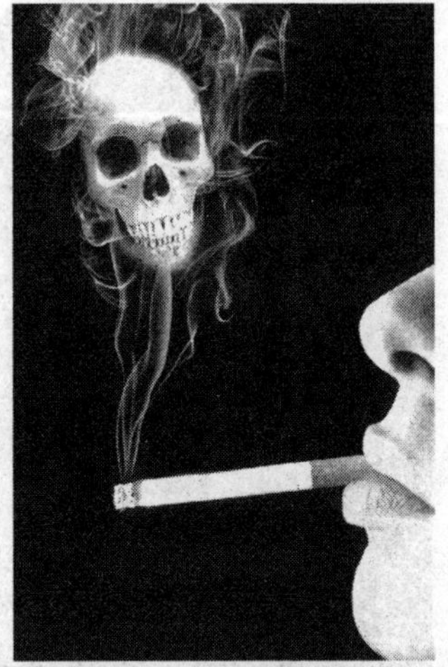

许多人会通过吸烟来缓解压力，殊不知吸烟对人的大脑有损害，会使记忆力变差。

正确的做法是要识别真正的压力源。思考一下是什么导致你的压力：

（1）是自己的生活方式？

（2）是自己所处的环境？

（3）是不是自己要做的事情太多了？

（4）是否有效地管理自己的时间？

（5）是否白天没有办法释放紧张的情绪？

（6）是不是对自己没信心？

针对这些问题用一些方法来缓解压力：

（1）为自己制订一个生活计划，适当地调整自己的生活方式。每天做一些能够给自己带来快乐或比较享受的事情。

（2）控制环境。如果交通堵塞的状况让你焦虑，就试着绕道走不会堵车的线路。

（3）要学会说“不”，了解你的职责范围。在工作和生活中，要学会婉转拒绝超出自己责任和能力的事情。

（4）时间管理不善，会造成很大压力。如果你的时间被工作全都占据，工作还是落后时，那么你就很难保持心情平静。但是，你提前计划并安排好要做的工作，在你可以承受的压力范围内完成，就不会让压力变大。

（5）练瑜伽，使自己的身体放松，或深呼吸来缓解自己焦躁的情绪。

（6）一定要保持自信。相信自己能做好现在的事，相信自己能行，不断鼓励自己。

第十节
焦虑与抑郁对记忆的影响

焦虑与抑郁并不构成本义上的记忆障碍，但这两种症状会消极地作用于记忆。

焦虑

焦虑在情绪方面近似于恐惧，又与之有所区别，因为焦虑的根源无论是真实存在的还是自我想象的，都被过高估计了。

从不集中注意力

焦虑的特征表现为内心紧张不安，并伴有生理症状和说不清的恐惧。许多严重焦虑的人都不能将注意力集中在他们身外的任何事情上。他们的头脑中充满了担忧，因此他们不可能将注意力放在外界发生的事情上，并且他们的记忆力衰退会影响到他们的日常生活。

焦虑会不同程度地影响记忆，在转移部分注意力的同时会妨碍学习质量。例如，我们在听别人说话的时候还考虑着其他事情，这样我们就可能无法记下全部谈话内容，并极有可能遗忘一部分。

记忆空洞

焦虑也可能阻碍回忆的进程。最典型的例子是，由于紧张我们无法在黑板上写出背诵过的内容，或者面对考试卷大脑一片空白。焦虑还会妨碍我们使用有效的策略寻找所需要的数据资料，这就是

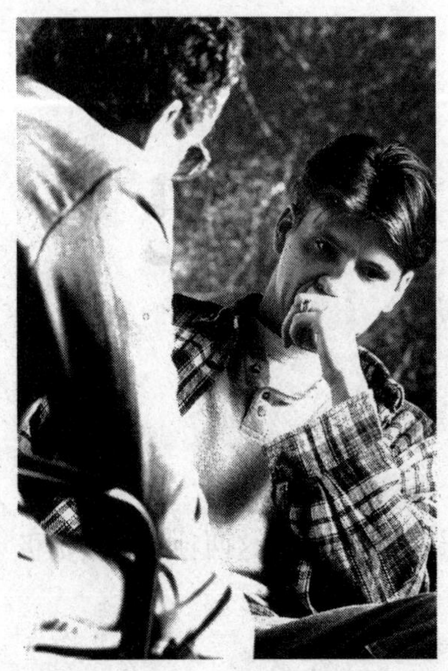

焦虑情绪的状态，会影响一个人的记忆力。图中的这个年轻人正在思索他刚才听到的话，他需要对这些内容进行理解、回想，才能做出适当的评价。

记忆空洞。然而所有的信息都没有遗失，因为通常提供一个线索，比如文章的开头，我们就可以全部回想起来。

许多研究人员指出，焦虑症者能以潜意识的方式更快地并优先地处理与自己焦虑的事物相关的词。例如，一个蜘蛛恐惧症者对蜘蛛、爪子、毛这些词更敏感。

焦虑的一些症状

⊙ 神经过敏、忧虑或恐惧。

⊙ 忧虑或有一种不祥的预感。

⊙ 一阵一阵的恐慌。

⊙ 注意力难以集中。

⊙ 失眠。

⊙ 对可能患有生理疾病的恐惧。

⊙ 肚子痛或腹泻。

⊙ 出汗。

⊙ 头昏眼花或头重脚轻。

⊙ 不安或易变。

⊙ 易怒。

抑郁

出现在一个难以承受的事件之后（死亡、解雇等）或者需要适应新情形时的抑郁称为“反应的抑郁”，其他抑郁则与心理疾病有关。

有观点认为，抑郁症患者会表现出语言行为的缺失。例如，他们在记忆一系列中性词汇时特别困难。能力的减弱与抑郁的严重性和任务所要求的努力成正比，抑郁症患者可能表现出对任何事情都不做回答，或者只回答“我不知道”，提供线索、重复学习和自动化任务能改善他们重新找回记忆的进程。

越是悲伤，越能更好地回忆

一方面，我们在抑郁症患者身上发现了一种“状态依赖”的现象：在同种前提下，他们更容易回忆起在抑郁状态下学到的东西。

另一方面，我们发现了一种称为“符合情绪”的现象：如果学习内容的感情色彩（比如一些表示痛苦、悲伤的词）与个体的感情状况相符（在这里指抑郁的情绪），记忆就会更容易。

对抑郁症患者来说，那些痛苦的经历更容易被记住。在测试中，抑郁症患者对那些令人不愉快的词（例如战争、死亡、癌症等）比那些令人愉快的词（例如快乐、和平、太阳等）记忆得更好。

抑郁症患者的记忆功能受到注意和情感的影响较大，患者的记忆力明显减退，具体表现为短时记忆和瞬间记忆的能力下降，自由联想和再认出现困难。

第十一节 情绪以不同方式影响记忆

情绪是人们认知事件时产生的主观认知经验的通称，一般是人们的需要能否得到满足的相关体验，比如欢乐、悲伤、恐惧、愤怒、满意或者不满意等。它是多种感觉、思想和行为综合产生的心理和生理状态，是普遍的和通俗的。情绪常和心情、性格、脾气、目的等因素互相作用，也受到激素和神经递质影响。

情绪和记忆有着十分密切的关系，它的好坏对人的记忆有很大的影响作用，并且在特定的条件下，情绪的好坏对人们记忆的好坏起决定作用。情绪对记忆效果的影响是很多方面的，可能是直接的，也可能是间接的；可能是积极的，也可能是消极的。

直接影响

情绪对记忆的直接影响表现在：在记忆过程中，一些积极的情绪能直接提高人们的记忆效果和效率。心理学研究表明，人们非常偏好那些愉快的经验，一般能引起人们自己愉快情绪的事物会更容易被记住。这主要表现在两个方面，凡是能够对我们情绪产生强烈影响的事物，我们很容易记住，记得也比较牢固，甚至可能会记忆一生，比如说人们接到大学录取通知书，这就是一件让人愉快的事情，因此就更容易被人记住；凡是我们感兴趣的事物，就能保存在我们的记忆中，比如说有人对各种车辆非常感兴趣，那么如果你问他有关车辆的知识，则他大部分都能回答出来。因此在记忆的过程中，我们应该认真体验记忆材料中，那些带有感情色彩或容易激起人们情绪的事物，这能大大地提高我们的记忆效果。

间接影响

情绪对记忆的间接影响表现在：充沛积极的情绪能提高人的体力和精力，促使人们能够为达到记忆的目标而努力。这种情况人们在生活中应该经常遇到。在学习上，人们高兴的时候，会感觉这个世界特别美好，因此就会觉得应努力学习，为了未来而努力奋斗，这时候人们就会集中精神去努力学习；而当人们不高兴地时候，就感觉干什么都没意思，学习也没什么意思，学那么多知识到头来都没什么用处，因此就不会去努力学习。

紧张的工作或学习之余，可以看看书、听听音乐，将自己的不良情绪释放释放，这样才不会使不良情绪对记忆力产生消极影响。

积极影响

情绪对记忆的积极影响：是指在一定的情况下，有些时候情绪能对人们的记忆活动起促进作用。比如在记忆活动中，当人们看到自己的进步时，就会感觉非常满意，并且充满希望，这种情况就能促进人们记忆效果的提高。因为愉快的情绪能提高人体的活力，使人体的各种生理机能全部活跃起来，使人们的精力和体力得到增强，提高人们生活的动力，使大脑达到最佳的状态。大脑的状态越好，大脑的工作效率和人们的记忆功能就越强大，人们的记忆力也就越高。

消极影响

情绪对记忆的消极影响：是指在一定情况下，有些情绪会削弱人们的记忆活动，对记忆起到降低的作用。比如在身体很不舒服的情况下，很难指望人能记住一些复杂的东西，因为人的注意力都集中在自己不舒服的身体上。不愉快的情绪会对人造成很大刺激，特别是生理上的，这就会影响到大脑的记忆功能。另外，人的一些不正常的情绪可能造成大脑皮层的不正常波动，也会影响人对记忆力的巩固。

总之，情绪对记忆的影响是十分严重的。因此，我们在记忆的时候，一定要排除不良情绪，保持好的情绪，并且不能让情绪产生严重波动。

记忆和好奇心

无可否认，好奇心是一个坏毛病。另一方面，在提高我们记忆力的时候，它又是一个真正的优点。好奇说明一个人有很广泛的兴趣。这是保持良好记忆力最好的办法。相比之下，只对一两个特殊领域感兴趣，对记忆而言就不是一件好事。

第十二节
环境影响记忆

环境对记忆的影响

研究表明，人们在进行记忆活动时，周边环境的好与坏，会对记忆效果产生一定程度的影响。如果周边是一个良好适宜的环境，人们的记忆就很可能会得到加强；相反，如果周边环境非常糟糕，人们的记忆就会减弱，甚至可能完全无法进行正常的记忆活动。那么，外部环境究竟是通过什么样的方式，对人们的记忆产生影响的呢?

第一，外部环境主要通过影响人的情绪而影响记忆力。宽敞明亮的环境能够使人感到心情舒畅，有助于人们记忆；狭窄阴暗的环境则容易使人产生压抑和烦闷的情绪，也可能会使人产生沮丧的心理，这就不利于人们记忆；美丽幽静的环境容易使人心旷神怡，给人一种非常舒适的感觉，有助于人们记忆；喧嚣吵闹的环境容易使人感到内心不安稳、难受、坐立不安，不利于人们记忆。

第二，外部环境通过影响人的大脑而影响记忆力。如果外部环境是空气流通、光线充足，并且相对安静的情况，则有助于人们进行记忆活动。因为空气流通的环境，会使大脑有充足的氧气供应，使大脑长时间保持足够的精力，不容易感到疲劳；光线充足则能使大脑一直处于一个兴奋的状态，这种情况下，大脑对各种信息的编码、储存、提取等处理行为就会加快，信息在大脑中留下的痕迹也会加深，能够有效提高人们的记忆效率；相对安静的环境则能避免大脑受到一些不必要的刺激的干扰，一些没用的、不需要我们记忆的信息不会在这个时候突然输入我们的大脑中。这样的环境，使大脑对信息的反射更容易，因此能够促进人们记忆，并且提高人们的记忆效果。

什么是有利于记忆的环境

一个良好的、有助于人们记忆的环境，主要包含两个方面：一方面是这个环境要让人感觉到舒服、舒适；另一方面，应该是一个尽量不被外界干扰的环境。

实际上，这两个方面很好理解。

第一，舒适、舒服的环境有助于记忆。在现实生活中，每个人都喜欢待在舒服、舒适的环境中。比如说坐飞机的时候，我们都知道，飞机上基本会分为头等舱和经济舱两种不同的乘坐环境。一般来说，头等舱的价格会相对昂贵一些，但是由于机舱位置、服务标准、座椅尺寸和间距等的不同，人们乘坐头等舱时会相对舒服一些，并且头等舱的乘客一般都比较少；而经济舱在价格上会相对便宜一些，但是它的机舱位置、服务标准、座椅尺寸和间距等相对于头等舱都要差一些，同时乘客的人数也比较多，因此人们乘坐经济舱相比于乘坐头等舱在舒适感上会有差距，不如头等舱舒服。就是因为头等舱舒服，一般有条件、有实力的人，在坐飞机的时候都会选择坐头等舱。

这样的环境能够让人们的身体和心理都感觉到轻松，做什么事情都不觉得有难度，同时也会感觉到有足够的动力。当然，由于人与人之间的个人爱好、生活环境、生活水平、生活经历等的不同，每个人对于舒服的定义可能是不同的：经常挤火车的人可能感觉飞机的经济舱就非常舒服，一个总是坐飞机的人也可能会感觉火车的软卧也很不舒服。如果一个人坐在飞机的头等舱中感觉不舒服，那它就连火车的硬座都不如；如果一个人感觉坐在火车的硬座上非常舒服，那么硬座就相当于这个人的头等舱。人们乘坐的究竟算不算头等舱，实际上是根据人们自身的感觉来决定的。俗话说“鞋合不合适只有脚知道”，人们对某些事物的感觉到底舒不舒服只有自己知道。

第二,一个不被外界各种因素干扰的环境，有助于人们进行记忆活动。一般来说，人们在集中精力做一件事情的时候，如果突然被某些意外因素打扰，那么这件事情应该就不能再进行下去了。比如说一个公司的领导正在做一项关于公司的重要计划，这个时候他的电话突然响起来，本来他的计划正做到关键的部分，他并不想停下来，但是电话一直响个不停，于是他接了起来，原来是他的妈妈突然进了医院。放下电话之后他肯定就无法继续做计划了，因为他

梦中的记忆

我们大多数人都经历过刚从梦中醒来时对梦中的情景记忆犹新，但又会迅速忘记的情景。如果你想迅速准确地记住一些东西，专家建议你把它们的细节都写出来。银行出纳就被告知用这种方法来对付抢劫的发生。为了减少理解上发生扭曲的可能性，你应该在和别人谈话和干别的事之前把经历都记录下来。

当你今晚要睡觉时，把你的记录本和笔放在床头。只要一醒，你就利用几分钟时间把所梦到的东西记录到本子上，要尽可能详尽地记录，不要忽略任何东西，即使是看起来不那么重要的。帕特里夏·加菲尔德博士在她的《奇特梦境》(1975年)一书中提道:“如果你觉得记不住做梦的内容，不用担心，因为每个人都能学会怎样恢复梦境记忆。”你越努力研究学习，你就越能从中获得更多的东西。

的妈妈进了医院，他必须马上过去，所以计划必须停止。还有一种情况可能是他觉得计划比较重要，应该做完再去医院，但是估计他也不可能继续做计划了，因为一边做计划，他的大脑还会不断提醒着他的母亲进了医院这个信息，他根本就不可能安下心来再做计划。所以说，一个意外因素的干扰很可能会导致一件重要的事情无法完成。

我们都知道，记忆是一项复杂的脑力活动，它包括信息的输入、编码、储存、提取等过程，在这个过程中，人的注意力必须高度集中，才能取得最好的效果。一旦这个过程受到干扰，那么很可能之前所付出的精力全部都被浪费，无法记住自己需要的信息。比如，你刚刚向别人问了一个重要的电话号码，正在大脑中不断重复，试图记住它，这个时候，突然有人叫你，而你回答了，并且和那个人交谈起来。等到交谈结束后，你还能记得你之前要记忆的电话号码吗？答案肯定是不能。当人们在记忆某种信息的时候，最好的情况

改变所在环境中某一物件是行之有效的记忆办法。比如，电台的 DJ 将当日节目要播放的光盘改变存放位置。

是在这个过程中不要有其他新的信息输入大脑中。一旦有新的信息进入大脑，就会和正在记忆的信息发生冲突，产生抑制或影响，甚至有可能造成需要记忆的信息丢失。

因此，人们在进行记忆活动的时候，必须保证自己不会受到任何意外因素的干扰，这样才能最有效率地记忆信息。当然，对于人们来说，每个人对于干扰的定义是不同的，有的人可能觉得别人很小声地放音乐就会对自己产生干扰，而有的人觉得只有别人碰到了他的身体才会对他产生干扰，因此，必须根据自己的实际情况，去判断一个环境到底是不是适合自己并且不被干扰的记忆环境。

创造有利于记忆的环境

外部环境并不是一成不变的，人们可以根据自己的需要，对其进行一些改变，甚至是创造出一个自己喜欢的环境。在进行记忆活动的时候，如果外部环境不能满足人们的需要，这种情况下，我们应该怎么做呢?

第一，自觉去寻找有利于记忆的环境。人们周围的环境是各种各样的，也是在不断发生着变化的。但是，环境的变化并不是随着我们是否要进行信息的记忆而发生变化的，它不是上课，老师说安静就必须安静，外部环境的变化是不以人的意志为转移的。因此，在我们进行记忆的时候，如果外部环境不满足我们记忆所需要的条件，就需要我们自己去寻找合适的环境。比如，喧闹的闹市不适合我们记忆，那我们就可以去图书馆等安静的地方。就像工作一样，这个世界上总会有适合你的工作，只要寻找，就肯定能找到最适合记忆的环境。当然，想要找到一个适合自己的记忆环境，一定要跟着自己的心走，按照自己内心中最真实的想法寻找，不要管别人的想法。只要你觉得环境舒适，哪怕别人都说不好，也不要受到干扰，记忆活动终究是你自己的事情。

第二，要掌握抗干扰的能力。有些时候我们需要记忆信息，但是没有一个合适的环境，由于某些客观原因我们又不能换一个环境，这时候我们想要记忆，就必须掌握抗干扰的能力，学会闹中取静。很多时候，当我们静下心来做一件事情的时候，外部环境的因素其实并不能影响我们，这样的经历肯定很多人都有，就像我们在看电视看得非常入迷的时候，外面不论怎么吵闹，都不会影响我们。其实记忆也是一样，只要我们能静下心来去记忆信息，什么样的环境都没办法影响我们。当然，在一个不适宜的环境中记忆是对人们意志力的一种考验，只要坚持不分心，坚持不受到任何干扰，进行记忆是完全没有任何问题的。

第三，要学会自己去创造最有利于记忆的环境。我们每个人都有能利用特定环境的刺激，引起特定反应的条件反射的规律，创造出一种环境，使大脑一接受这种信息就自动进行记忆活动。也就是说，每个人都有最适合自己的记忆环境，这种环境通常都需要我们自己去创造。比如说我们正在看书，但是书桌上的一盆花严重影响了我们，这时候我们就可以把这盆花转移到一个我们看不到的地方去，这样我们就不会再受到干扰，这就是自己创造环境。当然，如果你觉得天气很热会影响你的记忆，那么你就可以在进行记忆活动之前把空调打开，保证不会受到炎热天气的影响；如果你认为饥饿会对你的记忆产生干扰，那么你就可以在进行记忆活动之前吃一些东西，保证自己在记忆活动中不受到干扰。另外，关闭电脑、关闭门窗、关闭手机等，都能尽量避免人们受到意外因素的干扰。人们也只有找到这样没有干扰的环境，才能使自己的记忆活动变得有效率。实际上，创造有利于记忆的环境是很简单的，只要让自己的记忆环境变得安静，并且处在一个光线充足的环境中，让娱乐物品远离人们最容易看到的地方，这样的环境就可以了。

第十三节 影响记忆的其他因素

除了以上几节讲述的影响记忆力的因素外，还有下列因素也会对记忆产生影响。

诱导因素

诱导因素会对记忆产生影响。诱导就是劝诱、教导、引导，指的是用语言或者动作等行为引导人们做出某种行为或者说出某些事件。比如老师问学生一个问题，学生回答不出来，老师就会通过各种提示来引导学生说出正确的答案，这就是诱导的一种。

诱导对记忆的影响主要发生在某些事件的目击者身上，特别是一些重大、紧张的事件的目击者，像车祸等。这类事件通常会对人们产生一些严重的刺激，使人们的情绪紧张，导致人们虽然目击了整个事件，却由于情绪的紧张，而不能对事件发生时的某些因素记忆清楚，这就需要目击者在他人的诱导下回忆起整个事件。诱导经常是用一种疑问的方式进行，比如说在法庭上，律师们对某些事件向目击者和证人摆出的问题就是在诱导证人。

诱导能够使人回忆起某些事件，但是这种回忆有时候并不一定是真实的，这主要在于诱导方式的不同。有这样一个实验，实验者给被测者放映了一段关于交通事故的短片，在看过短片之后，要求被测者描述自己观察到的场景，然后回答一些与短片中交通事故有关的问题。其中一个问题是关于汽车碰撞在一起的时候的速度的，但是对不同的被测者询问的方式不同，有的是问“汽车在接触时的速度是多少”，有的是问“汽车在相碰时的速度是多少”，有的是问“汽车在相撞时的速度是多少”，结果一个词语的不同导致了被测者的回忆出现了不同。如果是用较弱的词，得到的是一个较低的数字，可能是50千米／小时；如果是一个比较强烈的词，得到的就是一个比较高的数字，可能是60千米／小时；如果是一个非常猛烈的词，得到的就是一个非常高的数字，可能是80千米／小时。实验结果证明，用不同方式对人进行引导时，不同的人回忆出的情况是不同的。

错误的信息

错误的信息对记忆有影响。有时候，因为人对自己看到的事件记忆并不清晰，很可能会被一些错误的信息所误导，从而产生错误的回忆。就像在法庭上，律师为了得到有利于自己代理人的证词，经常会用一些错误的信息对证人发问，一旦证人出现情绪紧张等情况，就很有可能会上律师的当，从而给出错误的证词。在一个实验中，心理学家给被测者看了一段交通事故，并且让被测者记住自己所看的画面，然后给被测者出具一份关于这个交通事故的报告。在报告中，心理学家把事故中的一些信息用另外一些错误的信息进行了替换，比如说把让行的指示牌换成了禁止行驶的指示牌。但是，等被测者看完

我们所接受的第一个感官刺激是在子宫里。对于新生儿进行的研究表明，我们“记得”这些感觉，或者至少在出生后不久就被引导去识别它们。

报告后，心理学家问被测者交通事故中到底是让行的指示牌还是禁止行驶的指示牌时，有一部分人会非常肯定地说是禁止行驶的指示牌，这部分被测者就是受到了错误信息的影响，产生了错误的回忆。

权威的肯定效应

权威或者专家的肯定效应对记忆有影响。在现实生活中，我们肯定遇到过这样的事情，当你做一件事情的时候，有人会规定你不能做某些行为，否则就会出现严重的问题。就算你没有做出违反规定的行为，如果出现了做出那些行为才会产生的问题，别人还是会

我的记忆和……我的父母

记忆不是基因库的一部分，也不是可以由父母传给孩子的遗传财产的一部分，同时也不是阿尔茨海默病的一部分。如果亲戚得了一种影响记忆力的疾病，许多50岁以上的人非常关心，并向专门的医师咨询相关的问题。其实，这种记忆上的混乱不会被上一代传给下一代。

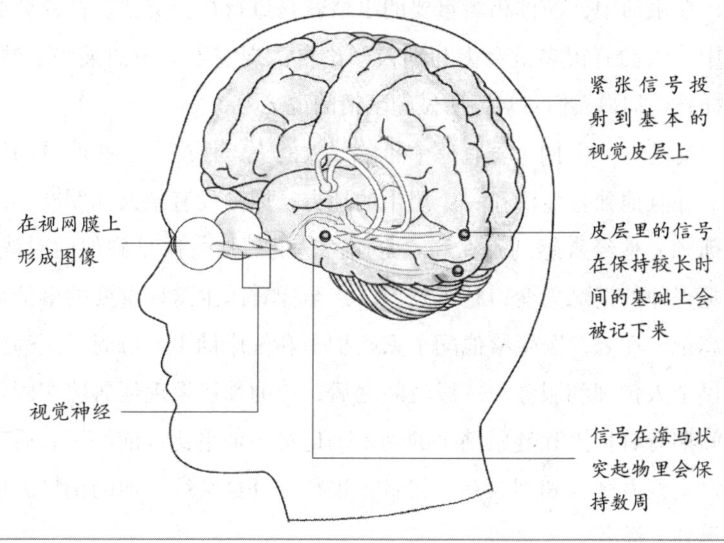

说你没有按照他的规定去做。这时候你肯定会否认，但是在那个人坚定的说法下，你可能慢慢就会觉得自己就是因为没按照规定做，所以才出现问题。这就是权威肯定对记忆的影响。有一个实验充分说明了这个问题，在实验中，被测者要在实验者的监督下在电脑中输入一段话。被测者事先已经被告知不能触碰电脑键盘上的CTRL键，否则电脑就会死机。在实验中，被测者并没有碰CTRL键，但是电脑突然死机了，于是实验者就指责被测者触碰了CTRL键。刚开始被测者会否认，但是实验者坚持说自己看到被测者触碰CTRL键了。随后实验者制作了一份被测者触碰了CTRL键的坦白书，要求被测者签字，结果很多被测者都签字了，并且有些被测者还找一些理由来证明自己触碰了CTRL键。事实上，被测者根本就没有碰到CTRL键，他们只是被实验者所肯定的情况误导了。

人们的社会交往

社会交往同样影响人的记忆。现实生活是人们记忆力的重要来源，在生活中，一件相当重要的事情就是进行社会交往。在社会交往中，人们有很多机会去和别人谈论自己现实生活中的某些事情，这样就会加强人们对自己所做的事情的记忆力。

有这样一个例子。有一个年龄很大的人，他患有一些严重的病症，并且他独自生活在一个陌生的地方，周围没有亲人和朋友。因为孤独，他经常感到不安和不舒服。他的邻居每次见到他的时候，都觉得他的记忆力变得越来越差，甚至像看医生这样重要的事情都会忘记。后来，医生给他配了家庭护士和健康助手，每周三次为他提供个人护理和服务。一段时间之后，他的邻居发现他居然在固定时间期待着护士和健康助手的到来，记忆力似乎比以前好了。后来经过交谈发现，和别人有了接触，进行了社会交往，他的记忆力确实得到了提高。

第四章

评估你的记忆能力

第一节

记忆力好不好的标准是什么

衡量一个人记忆力是否良好，有一定的标准。这个标准就构成了记忆的品质，记忆品质良好的记忆应该具备质与量的保证。记忆的品质主要分为记忆的敏捷性、正确性、持久性和准备性。只有同时具备这四个品质的记忆，才是良好的记忆。

记忆的敏捷性

记忆的敏捷性是指一个人在识记材料时的速度，敏捷性主要表现在较短的时间内记住较多的东西。不同的人的记忆敏捷性存在很大的个体差异，记忆东西的时候，有的人可以做到过目不忘，有的人则需要很长时间才能记住。另外，记忆的敏捷性还和人的暂时神经联系形成的速度有关：暂时联系形成得快，记忆就敏捷；暂时联系形成得慢，记忆就迟钝。当然，衡量记忆的好坏不能仅仅凭敏捷性这一个品质，必须把敏捷性与其他品质结合起来分析才有意义。

记忆的正确性

记忆的正确性是指对记忆的内容从识记、保持、提取到再现都准确无误，记忆的这一品质与暂时神经联系形成的正确程度有关。暂时神经联系越正确，记忆的准确性就越大。暂时神经联系越不正

有的人记得很快，保持的时间也相对比较长。而有的人保持的时间就比较短。在学习上，有了记忆的持久性，才会形成牢固的知识，才不至于出现信息提取困难。

确，记忆的准确性就越差。如果一个人的记忆没有以正确性为前提，那么他在学习上所做的一切努力都将没有意义。为了保证记忆的正确性，必须在第一次记忆的时候，就要保证记忆的正确性。否则，以后就要花费很多时间去纠正这个错误。记忆的正确性是记忆最重要的品质，如果没有这一品质，其他品质就没有存在的意义。

记忆的持久性

记忆的持久性是指记忆内容保持时间的长短。能够把知识经验长期地保留在头脑中，甚至终生不忘，这就是记忆持久性最好的表现。记忆的这一品质，与大脑暂时神经联系的牢固性有关。暂时神经联系形成得越牢固，记忆就会越长久。暂时神经联系形成得越不牢固，记忆就会越短暂。记忆的持久性一般要有从瞬时记忆开始到短期记忆再到长期记忆的发展过程。

例如，背一首诗，念了几遍以后，大致可以背下来，这是知识的瞬时记忆。当慢慢地背下来以后，知道这首诗讲的是什么内容，并把每一句的意思都分析明白，使记忆进一步加深，这就形成了短期记忆，这时已经具备了持久性。之后，反复巩固复习，在闲暇时想起来就会背一遍，长此以往，就算过了很长时间，也会记得这首诗，这样就形成了真正的持久性。

在记忆的持久性方面，每个人都不尽相同，有的人能把识记的东西长久地保持在头脑中，有的人则会很快地把识记的东西忘掉。有的人记得很快，保持的时间也相对比较长。有的人记得快，可是保持的时间短。在学习中，有了记忆的持久性，才会形成牢固的知识，记忆的持久性是记忆良好的一个重要条件。

记忆的准备性

记忆的准备性是指能够根据自己的需要，把保持内容从记忆中迅速提取，灵活、准确应用的特征。记忆的这一品质，与大脑皮层神经过程的灵活性有关，由兴奋转入抑制或由抑制转入兴奋都比较容易、比较灵活，记忆的准备性的水平就高；反之，记忆的准备性的水平就低。在准备性方面，有的人能得心应手，随时提取知识加以应用。有的人虽然有丰富的知识，但是不能根据需要去随意提取应用，这就是缺乏记忆准备性的表现。

有了记忆的准备性，才会有智慧的灵活性，才能有随机应变的本领和能力。记忆的这一品质是上述三种品质的综合体现，而上述三种品质只有与记忆的准备性结合起来评价才有价值。因此，记忆的这四种品质是相互依存、缺一不可的关系。一个人记忆力的好坏，不能只看记忆其中的一个品质，必须综合这四个品质去综合评价、综合考察。

如果想提高记忆，就要对自己的记忆品质做一个科学的检查，这样就知道自己的记忆处于一个什么样的水平，方便自己寻找合适的记忆方法。不要太担心测试的结果，大多数人在一开始测试的时候分数都很低，掌握一定的记忆方法后，就能得到近乎完美的高分。

第二节 测测你自己的记忆力

测量记忆的方法有很多种，以下只列举出四种最基本、最常用的方法，即回忆法、再认法、节省法和重建法。

回忆法

回忆法又称再现法，就是曾经识记过的某种材料，经过一段时间，让被试者把识记过的材料复述出来或以书面的形式写出来。然后把回忆结果与原材料进行比较，就可以推测出保持量的大小。如，考试时的问答题和填空题，就是用回忆法来测量对知识的保持量。此法还可以测量短时记忆。如，一个人说完一个电话号码，立刻就由另一个去复述，这就可以测出短时记忆的保持量。保持量的计算方法是以正确回忆的项目的百分数为指标来计算的，算式如下：

$$保持量=\frac{正确回忆的测量项目}{原来识记的测量项目}\times 100\%$$

例如，我们一次记住了 60 个英语单词，一个星期后能正确回忆出 30 个，那么代入公式：

$$保持量=\frac{30}{60}\times 100\%=50\%$$

这样，就知道记住的单词量为 50%。

在具体运用上，回忆法可分为自由回忆和线索回忆两种。前者是对被试者所要回忆的材料不给任何提示，只要求被试者把识记过的材料说出来或写出来；后者是向被试者提示一部分识记过的材料，然后被试者以此为凭据，回忆出其余的材料。

再认法

再认法就是把识记过的材料和没有识记过的材料混在一起，要求被试者把识记过的材料和没有识记过的材料区分开。一般情况下，没有识记过的新项目和识记过的旧项目数量相等，然后向被试者一一呈现，由被试者报告每个项目是否识记过。计算公式为：

$$保持量=\frac{认对数-认错数}{呈现材料的总数}\times 100\%$$

例如，一共有60道题，答对了45道题，那么代入公式：

$$保持量=\frac{45-15}{60}\times 100\%=50\%$$

这样，得出正确保持量为50%。

再认法和回忆法的保持量不同，再认法的保持量优于回忆法的保持量。这是由于完成水平的不同，这种不同主要表现在推测率的不同、依据信息的不同和操作过程的不同。

例如，让你回忆《水浒传》中一百单八将中绰号为“病关索”的姓名，恐怕你回答不出来。这样，在回忆测验中，你的记忆成绩为0。但是，对于这一信息的再认测验，情况便不同了。例如，给出下列选择题：《水浒传》一百单八将中绰号为病关索的姓名是：A. 杨雄；B. 杨虎。这里，推测的正确率至少是50%。显然，再认比回忆要容易。这就是推测率的不同。

依据的信息不同，要实现回忆，必须或多或少记住有关刺激的“整体”信息。

例如，要记住“病关索杨雄”，只了解他是《水浒传》一百单八将之一还不够，还必须了解杨雄的为人，他在梁山泊中的作用，他的绰号的来历、意思等，即掌握整体信息。而再认不同，只要有能够辨别目标刺激（即以前学过的待再认的刺激）和干扰刺激的信息就可以了。例如，上例中只要知道《水浒传》一百单八将中没有一个叫杨虎的，那就可以确定“病关索”一定是“杨雄”了。

再认法与回忆不同，再认法是将已学过的项目与未学过的项目随机混合并呈现给被试者，让被试者指出哪些是已经学习的，哪些是没学习的。

回忆和再认的操作过程不同。回忆某个信息时必须在识记中进行搜索，然后再对信息加以确认。再认某个信息则不同，目标信息是直接呈现给被试者，不用在记忆中搜索。因此，再认的成绩就优于回忆的成绩。

节省法

节省法又叫再学法，是要求被试者在学习一种材料之后，经过一段时间后，再以同样的程序重新学习这一材料，以达到原先学习的程度为准。被试者不能把原来熟记的材料准确无误地回忆出来时，就要重新学习原来识记过的材料。用原先学习所需要的时间（或次数），减去重新学习时所需要的时间（或次数），两者的差数就是重新学习时节省的数量，这个指标就是节省法测得的记忆保持量。其计算公式是：

$$\text{保持量}=\frac{\text{初学的次数或时间}-\text{再学的次数或时间}}{\text{初学的次数和时间}}\times 100\%$$

例如，背乘法口诀，第一次背了10次就记住了，过了半个月，忘记了一部分。第二次重新背诵，这回可能只需要6次就达到以前的水平，比以前少背4次。代入公式：

$$保持量 = \frac{10-6}{10} \times 100\% = 40\%$$

即保持量为40%，重学比初学节省了40%。

重建法

重建法就是要求被试者再现学习过的刺激次序。具体做法是，给被试按者一定顺序呈现排列的若干刺激，呈现后把这些刺激打乱，放到被试者面前并让其按原来次序重新建立起来。该方法除了适用于记忆文字材料外，还适用于记忆形状、颜色或其他非文字材料。

由于记忆不是以全或无的形式存在的，我们对某人或某事的记忆可能已不清楚了，但也没有完全遗忘，因而就需要用一些方法来测量记忆的保持量。

记忆容量的发展随年龄增长而增加

中国著名心理学家、教育学家沈德立等人曾研究了幼儿不同感觉通道的记忆容量。其中，有关视觉通道记忆容量的研究，采用再认法测量幼儿对情节图片和抽象图片的再认保持量，图片是用速示器(每张图片的呈现时间为3秒)依次呈现的。

测试结果发现，不同年龄组幼儿对图片再认的保持量有显著的差异。幼儿园小班孩子的记忆保持量为7.47，中班孩子的记忆保持量为11.38，大班孩子的记忆保持量为13.57。

有关听觉通道记忆容量的研究，分别采用再认法和再现法测查幼儿对播放的词汇的保持量。结果表明，不论是再认法还是再现法，其保持量都随幼儿年龄的增长而递增。小班、中班、大班孩子的再认保持量依次是8.92、11.80和13.38，再现保持量依次是3.45、4.06和5.29。

第三节

你对待生活的大体方式

进行自我评估

本问卷由 20 个问题组成。请仔细阅读每个问题及其选项，然后选出最适合的答案。

⊙你认为自己是一个有条理性的人吗？

1. 完全不是　　2. 有一定的条理　　3. 非常有条理

⊙在你参加一个会议时，下列哪个答案最能说明你的状态？

1. 发现自己思绪漂移出去，想着其他事情

2. 只要主题有趣，就能很好地摄入信息

3. 总是能随时集中精神并记得住

⊙你乱放钥匙吗？

1. 经常会　　2. 有时会　　3. 从不

⊙你有时间安排表吗？

1. 没有　　2. 试过，但发现难以随时更新　　3. 有

⊙你是否每星期不止一次感到有些晕晕乎乎？

1. 是的　　2. 有时　　3. 没有

⊙你是否发现一直有太多的事情要做？

1. 是的，我不太擅长熟练掌握事情

2. 我有时不得不加班加点以跟上进度

3. 不会，我基本上能掌控局势

⊙你是否感到难以记住密码？

1. 是的，我很难记住这些东西

2. 我偶尔会在想起它们时碰到些问题——因为我对不同的东西设的密码不同

3. 不会，我用的密码不仅熟悉而且易记

⊙你是否有过走进一个房间却忘了为什么进去的时候？

1. 经常　　2. 有时　　3. 从未有过

⊙你是否吃大量的新鲜蔬菜和水果？

1. 不　　2. 尽量　　3. 是的

⊙你能记得给人们发生日贺卡吗？

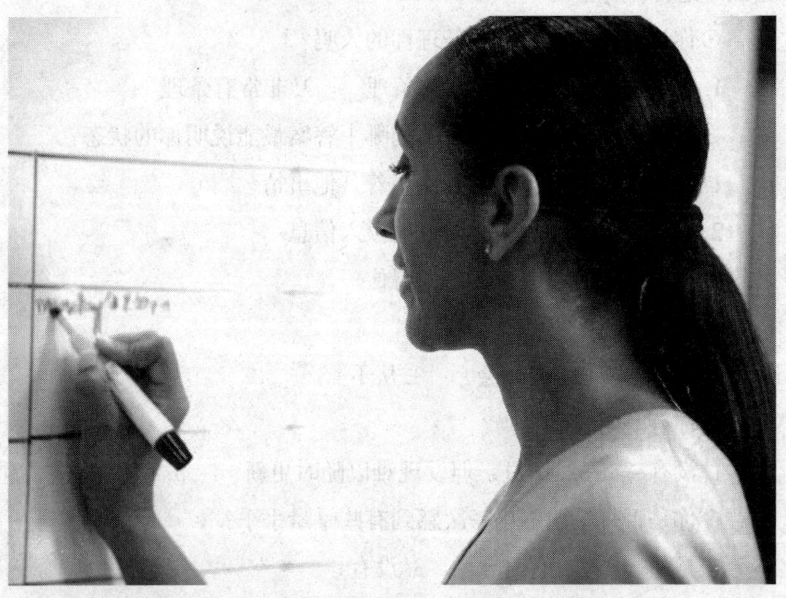

你的日常生活习惯决定了记忆力的好坏。另外，有目的、有计划地发掘自己的记忆潜力，才能彻底改善和增强记忆力。

1. 不能，我记不住日子，所以不知道什么时候该送

2. 只记得同我关系密切的人

3. 是的，我有生日的清单

⊙你是否容易分心？

1. 是的，我发现自己难以长时间地把注意力集中在某件事情上

2. 有时

3. 从不

⊙你认为新信息好记吗？

1. 不　2. 如果听得仔细的话　3. 是的

⊙你是否让你的思维保持活跃？

1. 并不完全如此　2. 尽量　3. 是的

⊙你是否乱涂乱画？

1. 经常　2. 有时　3. 从不

⊙你的家庭开支是否有条理？

1. 没有

2. 有一定的条理

3. 是的，我先会以一定的次序将它们排列，所以总能按时开支

⊙你多久做一次身体锻炼？

1. 从不，我讨厌做身体锻炼　2. 有时　3. 至少一周两次

⊙你丢过东西吗？

1. 经常　2. 有时　3. 从未

⊙当有人给你介绍新朋友时，你是否能记住他 / 她的名字？

1. 几乎不能　2. 有时能　3. 每次都能

⊙你有没有做过白日梦？

1. 经常　2. 有时　3. 几乎从未

⊙你是否经常会为某些事情紧张？

1. 经常　2. 有时　3. 几乎从未

把你所选答案的序号加起来（序号即代表得分），看看你属于哪一类记忆个性。

得分

20 ~ 30分：最佳化程度差

你也许精神不太集中，感到自己的记忆力不是很好。你可能条理性较差。你似乎不太积极地利用记忆策略或如列清单之类的帮助记忆的工具。你的生活方式可能也不是特别健康。

如果你属于这种个性类型，就要多下功夫学习提高注意力以及使用记忆策略，从而提高自己的日常记忆功能。专心致志是摄入信息并将其存储起来的基础。记忆策略或记忆帮助工具能帮助你更好地存储记忆信息。你可能还需要考虑改善你的生活习惯，因为健康对你的记忆力会产生很大影响。

31 ~ 45分：最佳化程度中

你的生活也许安排得还可以，但还可以有更好的记忆力。你也许相当有条理，但还有提升的空间。你试过以一种健康的生活方式生活，但并不十分成功——因为你感到自己太忙了。

你应变得更有条理，学会更有效地利用记忆策略，并学习新的策略，会极大地改善你的记忆和注意力。生活方式的改进也应该成为你总体提升计划的一部分。

46 ~ 60分：最佳化程度好

你的记忆力可能已经不错并能有效地利用记忆策略。你可能也正努力以一种健康的生活方式生活。因此，紧张程度相对较低。

提升的空间仍然存在——如果你对记忆是如何运作的了解得更多并学习了新的策略，你就可以进一步强化自己的记忆。

第四节
评估你的临时记忆

第 1 部分：评估你的数字记忆能力

叫一个朋友读出如下次序的数字，你的任务是以同样的次序复述这些数字。试试看，你做得怎么样。

18 13 71 43 7 58 2 9 6 5 4 16 25 34 95 1 9 20

得分

少于 5 个：差；5 ~ 9 个：中等；多于 9 个：好。

第 2 部分：评估语言记忆的能力

看一下下列词语并试着记住它们——不要把这些词语写下来。你有一分钟的时间。

木偶 火车 上衣 毯子 汽车 足球 椅子 裤子 桌子 摩托车 谜语 沙发 帽子 玻璃球 直升机 袜子

现在把这些词语遮住，然后尽可能多地把这些词语写出来。

得分

少于 5 个：差；5 ~ 9 个：中等；多于 9 个：好。

你注意到这些词有什么特殊规律了吗？如果没有，再看一次。如果你看得仔细，你将会发现这些词可以被分成四个主要类别（玩具、交通工具、家具、服装）。增强记忆最简捷的方法之一是将有关项目按类别组合。这样能降低记忆的负荷，从而使记忆更加容易。

第 3 部分：记故事

阅读以下段落。不要记笔记，但在手边准备好纸和笔以备后用。

罗先生正走在去一家超市的路上，他要买早餐、一瓶啤酒、两斤鸡蛋，以及一些甜品。当他沿着人行道往回走时，看见一位女士被一块石头绊了一下，摔倒在地，撞到了头。他赶紧跑过去看她是否需要帮助，并看到她头上的伤口正在流血。他奔向附近最近的房子，敲开了门，告诉开门的女子发生了什么事情，并请她打电话叫人帮忙。15 分钟后，来了一辆救护车，把受伤的女士送进了医院。

现在，把这个段落盖起来，然后根据记忆尽可能地（尽可能按照原来的词句）写出这个故事。

得分

你能回忆起多少条信息？

少于 15：差；16 ~ 25：中等；超过 25：好。

大多数人肯定能记住故事梗概，而且可能还能记住一些细节，然而要一字不差地写出这样一个故事，则是一件很困难的事情。

我们大多数人在阅读书报时往往只记住大概意思，而不是逐字逐句地通篇记忆。这是因为，虽然词句是重要的，但我们的记忆幅度是有限的；所以词句就成了故事的“路径”，因而我们记住的只是大概的意思。重要的是，词句所传递的是内容而不是词句本身。人类的记忆也更善于记住值得记忆的片段，或那些同我们个人有关联的东西。

第五节
评估你的长期记忆

第 1 部分：经历性记忆

这一类型的记忆往往有不同种类。

试试看，回答以下问题：

1. 你的祖母叫什么名字？
2. 你出生的地方是哪儿？
3. 你喜爱的第一个玩具是什么？
4. 你小时候最喜欢吃什么？
5. 你小学时的绰号叫什么？
6. 你的祖父是怎样维持生计的？
7. 形容一下你祖父的外貌。
8. 说出一件你 5 岁前收到的礼物。
9. 想象一下你成长的房子，第一扇门是什么颜色的？
10. 你小时候的邻居是谁？
11. 你能回忆起上小学第一天的情景吗？你穿什么衣服？
12. 你的第一位老师是谁？
13. 你小时候做的最顽皮的一件事是什么？
14. 你最早的记忆是什么？
15. 你 11 岁时的同桌是谁？
16. 哪位老师你非常不喜欢？

17. 你能否记起在学校用心学过的文章？

18. 第一个让你心动的人是谁？

19. 第一个和你约会的人是谁？

20. 第一个伤你心的人是谁？

21. 11 岁时，谁是你最好的朋友？

22. 你记忆最深的第一个假期是哪个？

23. 你记忆中最早的节日是什么？

24. 描绘一件你喜欢的玩具。

25. 你什么时候学的自行车？

26. 谁教会你游泳的？

27. 你第一个真正的朋友是谁？

28. 你童年最喜欢的游戏是什么？

29. 你 5 岁时最喜爱的电视节目是什么？

30. 你的第一个纪录是什么？

31. 你在小学时最喜爱的体育运动是什么？

32. 你对较早之前的往事有没有一个深刻的记忆？

33. 有没有一种特殊的气味能使你生动地想起往事？

34. 你的第一只宠物叫什么名字？

35. 你给喜爱的玩具起了多少名字？

36. 你能不能详细地记起 11 岁前的考试片断？

37. 你 5 岁前最喜爱的歌曲是什么？

38. 你 11 岁之前是否有自己的朋友圈？列举两位朋友。

39. 你能否记得小时候幸运避免的一些事情？

40. 你童年时生的最严重的一场病是什么？

41. 你一生中最美好的回忆是什么？

42. 你有没有童年的挚友，阔别已久后再次见面？

43. 你是否记得高中学的一些数学公式？

44. 相对于最近发生的事，你是否更容易记得往事？

45. 你能否记得当闻讯北京申奥成功时，你身处何地？

得分

30 项以下＝差；30 项＝中等；超过 30 项＝好。

大多数人在这个测试中都完成得很好，基本上能回答 30 多道题。一旦你开始回答这些问题，你就会促使自己回想更多的往事。这种回忆的感觉会持续很久。也许它还能促使你拿出一些旧照片或纪念品怀念，给老朋友打电话，或者找寻失去联系的朋友。一旦你的永久记忆受到激发，它将发挥巨大的功能。你会惊叹于你能回忆的所有细枝末节。

你可能会发现以上有些事情比其他的更容易记得。如果当时有重要事件发生或该事件对你有着不同寻常的意义，那么记起自己当时在哪儿或在干什么就容易得多。这是因为，我们没必要记住我们生活中的每一个时刻。我们的记忆会自动地对信息进行筛选，于是我们就会忘记我们没有必要知道的东西。

第 2 部分：语义性记忆

你的常识怎么样？语义性记忆是我们自己对事实的个人记忆。试试看，回答以下问题，并看一下你的知识怎么样。

1. 葡萄牙的首都是哪里？
2. 《仲夏夜之梦》的作者是谁？
3. 青霉素是谁发明的？
4. “大陆漂移说”是谁提出的？
5. 离太阳最近的第五颗行星是哪一颗？
6. 曼德拉是在哪一年被释放的？
7. 俄国革命在哪一年？
8. 一支足球队有多少名运动员？

9. 圭亚那位于哪个洲？

10. 在身体的哪个部位可以找到角膜？

11. 到达北极圈的第一位探险者是谁？

12.《物种起源》的作者是谁？

13. 与南美洲接壤的是哪两个大洋？

14. 比利时的首都是哪里？

15. 静海在什么地方？

16. 第一次世界大战的起讫日期是什么？

17. 卷入“水门事件”丑闻的美国总统是哪一位？

18. 拿破仑最后被放逐到什么地方？

19. 色彩的三原色是什么颜色？

20.《热情似火》的女主角是谁？

得分

少于 10 个：差；11 ~ 15 个：中等；16 ~ 20 个：好。

答案

1. 里斯本　2. 莎士比亚　3. 弗莱明　4. 魏格纳　5. 木星

6.1990 年　7. 1917 年　8. 23 名　9. 南美洲　10. 眼睛

11. 罗伯特·爱得温·皮尔里　12. 达尔文　13. 太平洋和大西洋

14. 布鲁塞尔　15. 月球　16. 1914 年至 1918 年　17. 尼克松

18. 圣赫勒拿岛　19. 红、黄、蓝　20. 玛莉莲·梦露

我们的语义性知识会随着许多不同的因素而变化，例如你来自何方、你的年龄、兴趣以及其他。要扩展你在已经有所了解的方面的语义性知识是比较容易的，因为这些知识更有意义。

第六节

评估你的前瞻性记忆

我们大多数人过着繁忙的生活。以下哪件事情你会经常忘记？

⊙付账（或者是否已经付过账了）

1. 经常　　2. 有时　　3. 从不

⊙计划好的约会时间

1. 经常　　2. 有时　　3. 从不

⊙收看感兴趣的电视节目

生活的繁忙会使我们忘记许多事情，对于在书中突然出现的一张明信片，很多人要回想一下才能将与其相关的事情找回。也许，一件该及时回复的事情被记忆不佳的你耽搁了。

1. 经常　　2. 有时　　3. 从不

⊙下一周的计划

1. 经常　　2. 有时　　3. 从不

⊙出去旅行前取消所订的报纸或杂志

1. 经常　　2. 有时　　3. 从不

⊙出行前从自动柜员机中取钱

1. 经常　　2. 有时　　3. 从不

⊙晚上睡觉前调好闹钟

1. 经常　　2. 有时　　3. 从不

⊙吃药

1. 经常　　2. 有时　　3. 从不

⊙给好朋友送生日卡

1. 经常　　2. 有时　　3. 从不

⊙回电话

1. 经常　　2. 有时　　3. 从不

得分

把你所选答案的序号加起来。

10 ~ 15：差；16 ~ 15：中等；26 ~ 30：好。

每个人都对不时会忘记做一些事情而感到内疚，而且这令人非常沮丧。这种类型的记忆的好处是易于改善。只要稍微有点条理，再加上一些简单策略的帮助，就可以提高这方面的记忆。有时，生活似乎为许多小事所占据，有条理可以帮助理清你的思路，以便处理更为有趣的事情。

第七节

诠释你的强势和弱势

思维功能与记忆

由于记忆的复杂性和多面性，因此，重要的是去了解其他有关的思维功能与记忆之间的关系，以及它们为什么对记忆如此重要。虽然注意力集中是记忆的一个基本部分，但计划、组织以及有效的学习这些过程也是记忆的基本部分。这些技能可以帮助你提高记忆，然而，首先你必须保证对自己的能力有彻底的了解。

你的总体表现如何呢？

将下面这张表格填一下，就一目了然了。

测试类型	差	中	好
总体表现			
数字记忆			
语言记忆			
形象／立体记忆			
视觉识别记忆			
记故事			
识别记忆			
经历性记忆			
语义性记忆			
前瞻性记忆			

对自己的记忆有个明确的认识

看一下你在各个不同练习中的得分情况，就会清晰地看出自己在哪些方面最强、哪些方面最弱。你的某些方面比其他方面强是很自然的，这是因为我们的记忆都有不同的强势和弱势。你可以做许多练习来进行改善，变得更有条理并使用不同的策略对你就有帮助。即使你在每个方面都得了高分，你的记忆仍然有可以提高的地方。

这种能力可以让我们识别是否知道或记得某事，因为我们知道自己的记忆中有这些信息。它还被称为后记忆。它帮助我们监控我们对信息了解与否——记忆功能中让我们知道自己了解某事的哪个方面。完成以上各项记忆测试，将帮助你发现自己的强势和弱势，因而知道要在哪些方面集中注意。一旦你开始对自己的强势和弱势有了足够的了解，就会知道它们在不同的情况下如何帮助影响和提高你的记忆。

记忆力测试

下面是一些动物，用两分钟的时间迅速记住它们，然后在纸上写下你所记下的名称，看你能够记住多少。

第八节
你适合哪种记忆方法

每个人都有自己偏好的记忆方法

我们有三种记忆方法——看、听和做。在这三种方法中，每个人都有自己偏好的一种，第二种就作为辅助方法，第三种方法使用起来可能会不太舒服。一些人很幸运，他们能够同时对三种方法得心应手，也有一些人没那么幸运，他们不能使用其中一种或两种方法（比如，盲人就不能使用视觉这一方法）。

通过测试找到适合你的记忆方法

下面的测试就将告诉你，你比较适合哪种记忆方法。

⊙在课堂上，你可以用很多方法来学习。你偏好哪一种？

1. 听老师讲

2. 从黑板上抄录笔记

3. 基于课堂上学到的知识，自己做一些练习

⊙看完电影之后，你对看电影中的哪些事记得最清楚？

1. 电影中的对话

2. 电影的动作、情节

3. 你自己做的一些事：坐车到电影院、买票和食品

⊙你怎样学习修理漏气的自行车车胎？

1. 找一个朋友，让他描述如何修理车胎

2. 买成套的修理工具，自己阅读修理说明书

3. 自己摸索着怎么修理

⊙如果你想记住美国历届总统的名字，那么，你会：

1. 将名字都找个相关的事物来记

2. 看肖像记名字

3. 找一些关于他们的图片，然后贴上标签，放入相册

⊙如果你喜欢一首流行歌曲，你最喜欢做下面哪件事？

1. 学习歌词

2. 经常看歌曲录像

3. 试着模仿歌曲的舞蹈

⊙你从思维的角度看待东西的能力如何？

1. 很差　　2. 很好　　3. 相当好

⊙用手操作的练习，你做得如何？

1. 一般　　2. 很好　　3. 很差

⊙如果别人给你读了一则故事，你会：

1. 能够很详细地记录下来（一些片断还可以逐字记下）

2. 在脑中形成故事的一些片断

3. 很快就会忘记

⊙在你小的时候，你最喜欢做下面哪件事？

1. 阅读

2. 绘图和油画

3. 按形状分类游戏

⊙如果你搬到一个新的地方，你怎样去熟悉周围的交通路线？

1. 询问当地人弄清方向

2. 买一张地图

3. 慢慢闲逛一直到熟悉道路的分布

⊙下面你最擅长记住的是：

1. 别人告诉你的话

2. 看东西的方式

3. 自己做的事

⊙下面的哪个你能最形象地记住?

1. 在学校学到的诗歌

2. 母校的样子

3. 学习游泳的感觉

⊙当你做园艺的时候，你会:

1. 知道所有花草的名字

2. 记得植物的样子，但是会忘记它们的名字

3. 专注于浇水和修剪

⊙日常生活中，你会:

1. 每天都看报

2. 确保每天都看电视新闻

3. 不是每天阅读新闻，因为你有更实际的东西需要做

⊙想象一下，下面的哪项会让你觉得最悲痛?

1. 受损的听力

2. 受损的视力

吃得少而精，饮用足够的水

选择低脂肪、低卡路里的食物。科学家对刚吃过饭的人做脑力技巧测试，摄入量超过1000卡路里的人比摄入300卡路里的人在出错率上要高出40%。低脂肪、高蛋白的食品有鸡肉（无皮）、鱼类、贝类、瘦牛肉。低脂肪蔬菜蛋白来源包括豆类；低脂制品包括低脂乳酪、无脂奶等。我们的心智与饮食有太多联系，不用再过于强调营养及其对大脑功能作用的重要性。饮用足量的水有助于消化和呼吸，且能增加血液含氧量，保持细胞健康。

---

3. 受损的行动能力

答案

听力偏好者

如果你的答案“1”占大多数，那么，你偏好听力这一记忆方法。你喜欢听声音，特别是语言，你能很容易接收它们所传达的信息。相比其他的一些学习方法，你更倾向于记住或理解用耳朵听到的信息。

视觉偏好者

如果你的答案“2”占大多数，那么，你偏好视觉这一记忆方法。你对视觉感官能力最强，通过视觉能够抓住很多信息。相对于其他的方法，你用视觉的方法能更好地理解以及记住信息。

实践偏好者

如果你的答案“3”占大多数，那么，你偏好实践这一记忆方法。你能从实践中学到最多，你戴上手套做五分钟的实践演练胜过你坐在教室里花几个小时来听讲。

你会发现，你不仅仅在一个类型的题目中有很好的答案。其实，很少有人只局限在一种记忆方法上。当然，你可以结合三种记忆方法，因为这样能大大提高记忆效率。如果你发现你很不习惯使用一种记忆方法（比如视觉），可能是你还没找出不能使用这一方法的问题所在。你应该做个视力检查或配一副眼镜，你就会发现世界焕然一新。

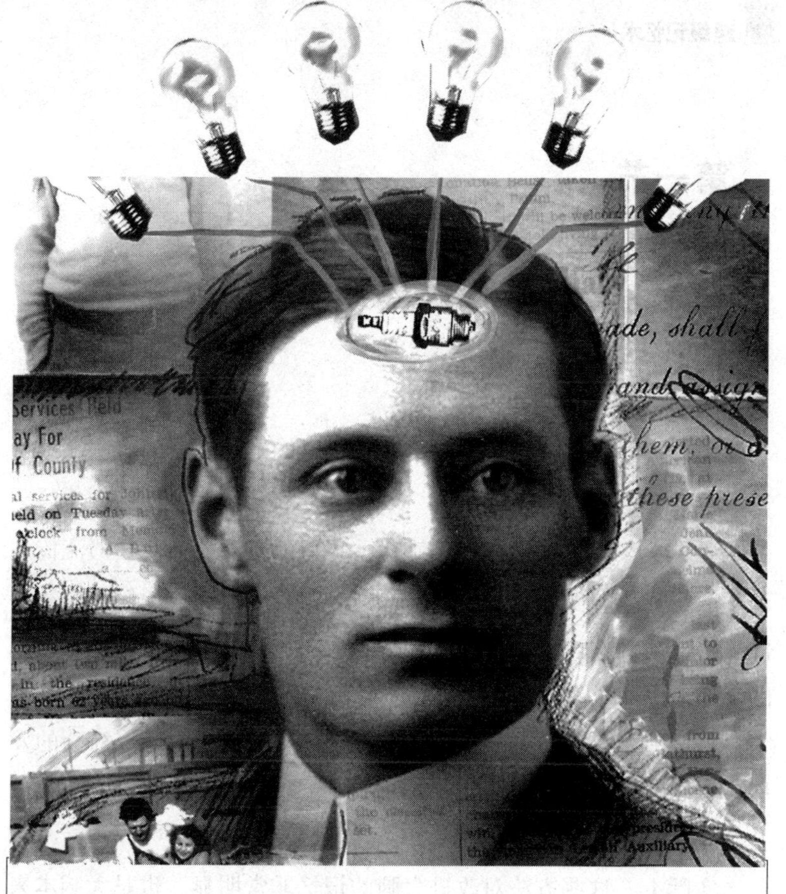

第五章

记忆基础训练，让记忆更高效

第一节

改变命运的记忆术

记忆无时无刻不与人们的生活、学习发生着紧密的联系。没有记忆，人就无法生存。

历史上，从古希腊以来，就有一些不可思议的记忆技巧流传下来。这些技巧的使用者能以顺序、倒序或者任意顺序记住数百数千件事物，他们能表演特殊的记忆技巧，能够完整地记住某一个领域的全部知识，等等。

后来有人称这种特殊的记忆规则为“记忆术”。随着社会的发展，人们逐渐意识到这些方法能使大脑更快、更容易记住一些事物，并且能使记忆保持得更长久。

实际上，这些方法对改进大脑的记忆非常明显，也是大脑本来就具有的能力。

有关研究表明，只要训练得当，每个正常人都有很高的记忆力，人的大脑记忆的潜力是很大的，可以容纳下五亿本书那么多信息——这是一个很难装满的知识库。但是由于种种原因，人的记忆力没有得到充分发挥，可以说，每个人可以挖掘的记忆潜力都是非常巨大的。

思维导图帮助你高效记忆

思维导图，最早就是一种记忆技巧。

人脑对图像的加工记忆能力大约是文字的1000倍。让你更有效地把信息放进你的大脑，或把信息从你的大脑中取出来，一幅思维导图是最简单的方法，这就是作为一种思维工具的思维导图所要做的工作。

在拓展大脑潜力方面，记忆术同样离不开想象和联想，并以想象和联想为基础，以便产生新的可记忆图像。

我们平时谈到的创造性思维也是以想象和联想为基础的。两者比较起来，记忆术是将两个事物联系起来从而重新创造出第三个图像，最终达到简单地要记住某个东西的目的。

思维导图记忆术一个特别有用的应用，是寻找“丢失”的记忆，

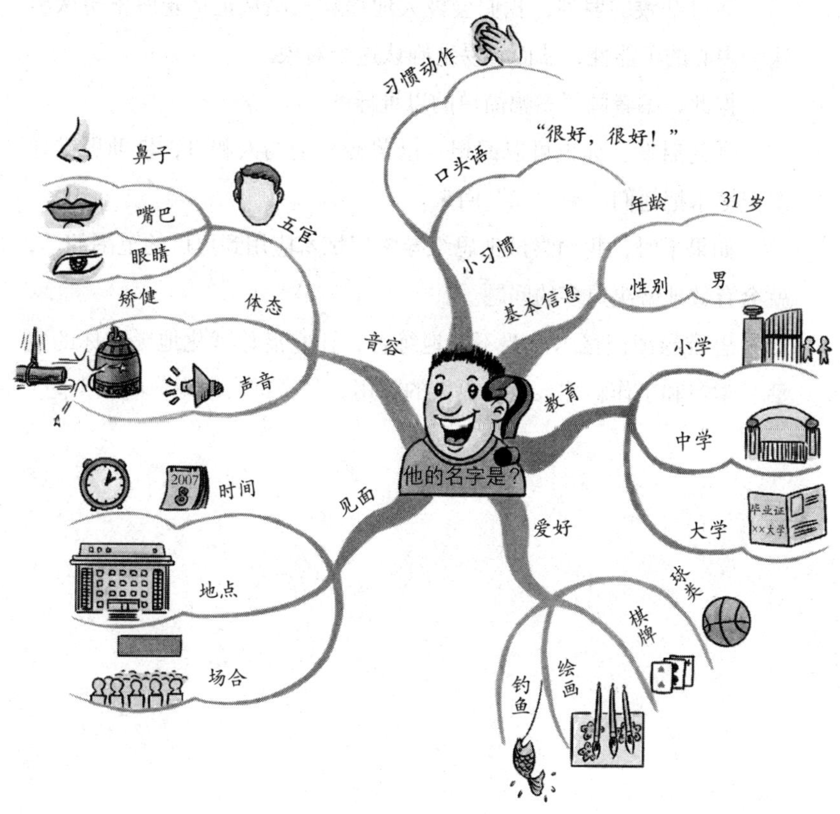

比如你突然想不起一个人的名字了，忘记把某个东西放到哪儿了，等等。

思维导图帮助你找回“记忆”

在这种情况下，对于这个“丢失”的记忆，我们可以采用思维的联想力量。这时，我们可以让思维导图的中心空着，如果这个“丢失”的中心是一个人的名字的话，围绕在它周围的一些主要分支，可能就是性别、年龄、爱好、特长、外貌、声音、学校或职业以及与对方见面的时间和地点等等。

通过细致的罗列，我们会极大地提高大脑从记忆仓库里辨认出这个中心的可能性，从而轻易地确认这个对象。

据此，编者画了一幅简单的思维导图：

受此启发，你也可以回想自己曾经忘记的人和事，借助思维导图记忆术把他们一一“找”回来。

如果平时，我们尝试把思维导图记忆术应用到更广的范围的话，就会有效地解决更多的问题。

思维导图记忆术需要不断地练习，让它潜移默化地影响你的生活、学习和工作，才会发生更大的效用，甚至彻底改变你的人生。

第二节

记忆的前提：注意力训练

中国有个寓言《学弈》，大意是说两个人同时向当时的围棋高手弈秋学围棋："其一人专心致志，惟弈秋之为听。一人虽听之，一心以为有鸿鹄将至，思授弓缴而射之。虽与之俱学，弗若之矣。为是其智弗若与曰：非然也。"

意思是说，这两个人虽一起学习，但一个专心致志，另一个则总是想着射鸟，结果二人的棋术进展可想而知。

这则寓言告诉我们，学习成绩的差距并不是由于智力，而是由注意程度的差距造成的。只有集中注意力，才能获得满意的学习效果；如果在学习时分散注意力，即使是花费很长时间，也不会有明显的学习效果。有很多青少年不知道这个道理，也常常因注意力不集中苦恼，下面简单介绍几种训练注意力的方法：

提高注意力的训练

训练1：

把收音机的音量逐渐调小到刚能听清楚时认真地听，听三分钟后回忆所听到的内容。

训练2：

在桌上摆三四件小物品，如瓶子、铅笔、书本、水杯等，对每件物品进行追踪思考各两分钟，即在两分钟内思考与某件物品的一系列有关内容，比如思考瓶子时，想到各种各样的瓶子，想到各种瓶子的用途，想到瓶子的制造，造玻璃的矿石来源等。

这时，控制自己不想别的物品，两分钟后，立即把注意力转移到第二件物品上。开始时，较难做到两分钟后的迅速转移，如果每天练习十多分钟，两周后情况就大有好转了。

训练 3：

盯住一张画，然后闭上眼睛，回忆画面内容，尽量做到完整，例如画中的人物、衣着、桌椅及各种摆设。回忆后睁开眼睛再看一下原画，如不完整，再重新回忆一遍。这个训练既可培养注意力集中的能力，也可提高更广范围的想象能力。

或者，在地图上寻找一个不太熟悉的城镇，在图上找出各个标记数字与其对应的建筑物，也能提高观察时集中注意力的能力。

训练 4：

准备一张白纸，用七分钟时间，写完 1~300 这一系列数字。测验前先练习一下，感到书写流利、很有把握后再开始，注意掌握时间，越接近结束速度会越慢，稍微放慢就会写不完。一般写到 199 时每个数不到一秒钟，后面的数字书写每个要超过一秒钟，另外换行书写也需花时间。

测验要求：能看清所写的字，不至于过分潦草；写错了不许改，也不许做标记，接着写下去；到规定时间，即使写不完也必须停笔。

结果评定：第一次差错出现在 100 以前为注意力较差；出现在 101~180 间为注意力一般；出现在 181~240 间是注意力较好的；超过 240 出差错或完全对是注意力优秀。总的差错在 7 个以上为较差，错 4~7 个为一般；错 2~3 个为较好，只错一个为优秀。如果差错在 100 以前就出现了，但总的差错只有一两次，这种注意力仍是属于较好的。要是到 180 后才出错，但错得较多，说明这个人易于集中注意力，但很难保持下去。在规定时间内写不完则说明反应速度慢。

将测验情况记录，留着与以后的测验做比较。

训练5：

假设你在读一本书、看一本杂志或一张报纸，你对它并不感兴趣，突然发现自己想到了大约十年前在墨西哥看的一场斗牛，你是怎样想到那里去的呢？看一下那本书，你或许会发现你所读的最后一句话写的是遇难船发出了失事信号，集中分析一下思路，你可能会回忆出下面的过程：遇难船使你想起了英法大战中的船只，有的人得救了，其他的人沉没了。你想到了死去的四位著名牧师，他们把自己的救生圈留给了水手。有一枚邮票纪念他们，由此你想到了其他一些复印邮票硬币和5分镍币上的野牛，野牛又使你想到了公牛以及墨西哥的斗牛。这种集中注意力的练习实际上随时随地都可以进行。

你的注意力如何？这幅图展现的是站在坟墓前的拿破仑，你能找到拿破仑吗？

经常在噪音或其他干扰环境中学习的人，要特别注意稳定情绪，不必一遇到不顺心的干扰就大动肝火。情绪不像动作，一旦激发起来便不易平静，结果对注意力的危害比出现的干扰现象更大。要暗示自己保持平静，这就是最好的集中注意力训练。

训练6：

从300开始倒数，每次递减3个数。如300、297、294，倒数至

0，测定所需时间。

要求读出声，读错的就原数重读，如“294”错读为“293”时，要重读“294”。

测验前先想想其规律。例如，每数 10 次就会出现一个“0”（270、240、210……），个位数出现的周期性变化。

结果评定：2 分钟内读完为优秀，2.5 分钟内读完为较好，3 分钟内读完为一般，超过 3 分钟为较差。这一测验只宜自己与自己比较，把每次测验所需时间对比就行了。

训练 7：

这个练习又称为“头脑抽屉”训练，是练习集中注意力的一种重要方法。请自己选择三个思考题，这三个题的主要内容必须是没有联系的。题目选定后，对每个题思考三分钟。在思考某一题时，一定要集中精力，思想上不能开小差，尤其不能想其他两个问题。一个题思考三分钟后，立即转入对下一个题的思考。

集中注意力的训练形式可以多种多样，随处都可因地制宜进行训练。

图中女生上课注意力不集中。她也许想到了与朋友在一起的情景，如上周末与朋友外出、第二天的曲棍球比赛等除了目前任务之外的任何事情。我们加工当前信息的能力是有限的，因为对其他许多事情的思考对我们同等重要。

第三节

记忆的魔法：想象力训练

一个人的想象力与记忆力之间具有很大关联性，甚至在有些时候，回忆就是想象，或者说想象就是回忆。如果一个人具有十分活跃的想象力，他就很难不具备强大的记忆力，良好的记忆力往往与强大的想象力联系在一起。

因此，要训练我们的记忆力，可以从训练我们的想象力着手。

提高想象力的训练

训练1：

向学前班的孩子学习，培养你的想象力，如问自己一个问题：花儿为什么会开？

你猜小朋友们会怎么回答呢？

第一个孩子说："她睡醒了，想看看太阳。"

第二个孩子说："她伸伸懒腰，就把花骨朵顶开了。"

第三个孩子说："她想和小朋友比比，看谁穿得更漂亮。"

第四个孩子说："她想看看，小朋友会不会把她摘走。"

这时，一个孩子问老师一句："老师，您说呢？"

这时候，如果你是老师，该怎么回答才能不让孩子失望呢？

如果你是个孩子，你又认为答案会是什么呢？

其实，只要你不回答“因为春天来了”，你的想象力就得到了锻炼。

你也可以随便拿出一张画，问自己：“这是什么？”

一块砖。

别的呢？一扇窗。

别的呢？事实上，从侧面看，这是字母n。或者，另一个字母，如F。

别的呢？一个侧面看到的数字。

别的呢？任何一个从上端看的三维数字，包括2、3、5、6、7、8、9、0。

别的呢？任何一个装在盒子里的物体。

别的呢？一个特殊尺寸的空白屏幕（垂直方向）。

别的呢……

每个事物都可能成为其他所有的事物，高度创造性的大脑是没有逾越不了的障碍的。自由联想是天才最好的朋友。天才的感知力就是在每个事物中看到其他所有的事物！这就是为什么天才能看到普通人看不到的实质。

训练2：

从剧本或诗歌中读一段或几段，最好是那些富有想象的段落，例如下文：

茂丘西奥，她是精灵们的媒婆，

她的身体只有郡吏手指上一颗玛瑙那么大。

几匹蚂蚁大小的细马替她拖着车子，

越过酣睡的人们的鼻梁……

有时奔驰过廷臣的鼻子，

就会在梦里寻找好差事。

他就会梦见杀敌人的头，

记忆力测试

阅读下面的短文，尽可能地记住细节。

在一个春光明媚的早晨，有一只漂亮的鸟儿，站在摆动的树枝上放声歌唱，树林里到处回荡着它甜美的歌声。一只田鼠正在树底下的草皮里掘洞，它把鼻子从草皮底下伸出来，看着树上的鸟儿。

请凭借记忆，画出上面短文所描绘的场景。

进攻、埋伏，锐利的剑锋，淋漓的痛饮……

忽然被耳边的鼓声惊醒，

咒骂了几句，

又翻了个身睡去了。

把书放到一边，尽量想象出你所读的内容，这不是重复和记忆。如果十行或十二行太多了，就取三四行，你实际的任务是使之形象化。闭上眼睛，你必须看到精灵们的媒婆，你必须想象出她的样子只有一颗玛瑙那么大，你必须看到廷臣在睡觉，精灵们在他的鼻子上奔驰，你必须想出士兵的样子并看到他杀敌人的头。你要听到他的祷词，祷词的内容由你设想。

你是否已经读过了《罗密欧与朱丽叶》这本书的前一部分或几行文字？现在把书放在一边，想出你自己的下文来。当然，做这个练习时，你不能先知道故事的结尾。你要假设自己是作者，创造出自己的下文来，你要想象出人物的形象，让他们做些事情，并想象出他们做事时的形态样子，直至你心目中的形象和亲眼所见一样清楚为止。

训练 3：

用三分钟时间，将下面 15 组词用想象的方法联在一起进行记忆。

老鹰——机场　轮胎——香肠　长江——武汉

闹钟——书包　扫帚——玻璃　黄河——牡丹

汽车——大树　白菜——鸡蛋　月亮——猴子

火车——高山　鸡毛——钢笔　轮船——馒头

马车——毛驴　楼梯——花盆　太阳——番茄

通过以上三个方面的训练，可以提高我们的想象力，从而有效地提高我们的记忆力。

这是《罗密欧与朱丽叶》的剧照。朱丽叶假死，但罗密欧不知情自杀了，朱丽叶醒来后发现罗密欧死了，痛不欲生，最后也自杀了。

第四节

记忆的基石：观察力训练

记忆就像一台存款机，要先有存款才能取款。记忆也先要完成记忆的输入过程，之后你才能将这部分信息或印象重现出来。

这样就有一个存入多少、存什么的问题，也就是你记忆的哪

这幅图中分布着15个海洋生物，它们通过伪装来隐藏自己。你能把它们全部找出来吗？在自然界中，某些动物通过模拟其他生物的形态来躲避天敌。

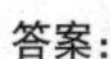
答案：

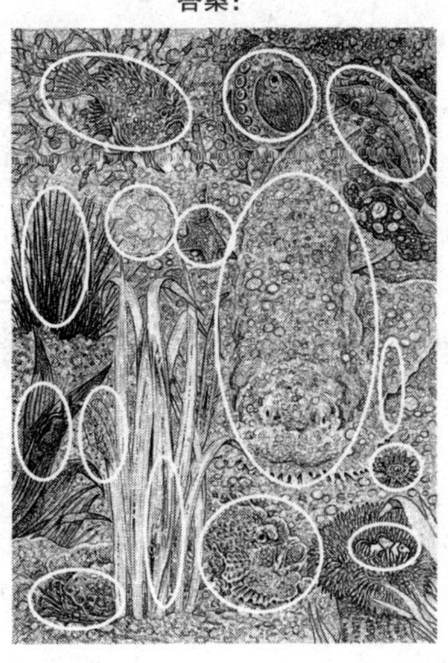

方面的内容以及真正记忆了多少或印象有多深，这就有赖于观察力了！

进行观察力训练，是提高观察力的有效方法。下面介绍几种行之有效的训练方法：

提高观察力的训练

训练1：

选一种静止物，比如一幢楼房、一个池塘或一棵树，对它进行观察。按照观察步骤，对观察物的形、声、色、味进行说明或描述。这种观察可以进行多次，直到自己能抓住主要观察物的特征为止。

训练2：

选一个目标，像电话、收音机、简单机械等，仔细观察它几分钟，然后等上大约一个钟头，不看原物画一张图。把你的图与原物进行比较，注意画错了的地方，最后不看原物再画一张图，把画错的地方更正过来。

训练3：

画一张中国地图，标出你所在的那个省的省界，和所在的省会，标完之后，把你标的与地图进行比较，注意有哪些地方搞错了，不过地图在眼前时不要去修正，把错处及如何修正都记在脑子里，然后丢开地图再画一张。错误越多，就越需要重复做这个练习。

在你有把握画出整个中国之后就画整个亚洲，然后画南美洲、欧洲以及其他的洲。要画得多详细，由你自己决定。

训练4：

以运动的机器、变化的云或物理、化学实验为观察对象，按照观察步骤进行观察。这种观察特别强调知识的准备，要能说明运动变化着的形、声、色、味的特点及其变化原因。

训练 5：

随便在书里或杂志里找一幅图，看它几分钟，尽可能多观察一些细节，然后凭记忆把它画出来。如果有人帮助，你可以不必画图，只要回答你朋友提出的有关图片细节的问题就可以了。问题可能会是这样的：有多少人？他们是什么样子？穿什么衣服？衣服是什么颜色？有多少房子？图片里有钟吗？几点了？等等。

在这幅图像中，你可能看到一个少女，或者是一个老妇人，却很少能同时看到两个人，但是通过不断演练，你就可以做到。这种发生在两个图像之间的转换活动发生在视觉皮质。

训练 6：

把练习扩展到一间房子。开始是你熟悉的房间，然后是你只看过几次的房间，最后是你只看过一次的房间，不过每次都要描述细节。不要满足于知道在西北角有一个书架，还要回忆一下书架有多少层，每层估计有多少书，是哪种书，等等。

第五节

右脑的记忆力是左脑的 100 万倍

关于记忆，也许有不少人误以为“死记硬背”同“记忆”是同一个道理，其实它们有着本质的区别。死记硬背是考试前夜那种临阵磨枪，实际上只使用了大脑的左半部，而记忆才是动员右脑积极参与的合理方法。

右脑的记忆能力有多强

在提高记忆力方面，最好的一种方法是扩展大脑的记忆容量，即扩展大脑存储信息的空间。有关研究也表明，在大脑容纳信息量和记忆能力方面，右脑是左脑的 100 万倍。

首先，右脑是图像的脑，它拥有卓越的形象能力和灵敏的听觉，人脑的大部分记忆都是以模糊的图像存入右脑中的。

其次，按照大脑的分工，左脑追求记忆和理解，而右脑只要把知识信息大量地、机械地装到脑子里就可以了。右脑具有左脑所没有的快速大量记忆机能和快速自动处理机能，后一种机能使右脑能够超快速地处理所获得的信息。

这是因为，人脑接收信息的方式一般有两种，即语言和图画。经过比较发现，用图画来记忆信息时，远远超过语言。如果记忆同一事物时，能在语言的基础上加上图或画这种手段，信息容量就会比只用语言时增加很多，而且右脑本来就具有绘画认识能力、图形认识能力和形象思维能力。

如果将记忆内容描绘成图形或者绘画，而不是单纯的语言，就能通过最大限度动员右脑的这些功能，发挥出高于左脑的100万倍的能量。

另外，创造“心灵的图像”对于记忆很重要。

那么，如何才能操作这方面的记忆功能，并运用到日常生活中呢？现在开始描述图像法中一些特殊的规则，来帮助你获得记忆的存盘。

图像要尽量清晰和具体

右脑所拥有的创造图像的力量，可以让我们“想象”出图像以加强记忆的存盘，而图像记忆正是运用了右脑的这一功能。研究已

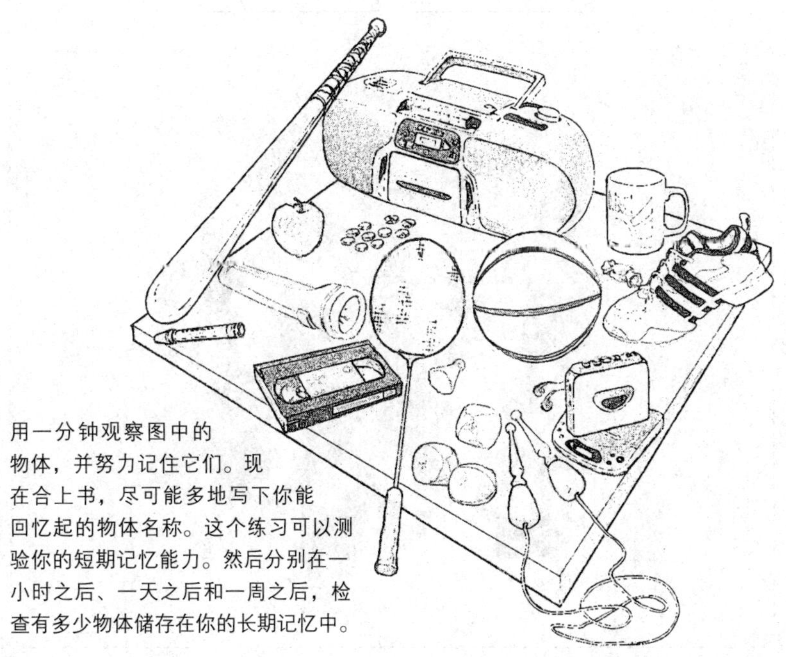

用一分钟观察图中的物体，并努力记住它们。现在合上书，尽可能多地写下你能回忆起的物体名称。这个练习可以测验你的短期记忆能力。然后分别在一小时之后、一天之后和一周之后，检查有多少物体储存在你的长期记忆中。

经发现并证实，如果在感官记忆中加入其他联想的元素，就可以加强回忆的功能，加速整个记忆系统的运作。

所以，图像联想的第一个规则就是要创造具体而清晰的图像。具体、清晰的图像是什么意思呢？比方我们来想象一个少年，你的“少年图像”是一个模糊的人形，还是有血有肉、呼之欲出的真人呢？如果这个少年图像没有清楚的轮廓，没有足够的细节，那就像

记忆力测试

孩子们趁假日到海滩玩耍。来到这里，当然要进行沙滩浴啦！不过，这些孩子晒太阳晒得太久了……仔细观察每个小孩身上的图案，看看你是否能迅速把每个人与垫子上的两件物品分别匹配。请在下面的对应处填上物品的名称。

1__________ 2__________

3__________ 4__________

5__________ 6__________

将金库密码写在沙滩上，海浪一来就不见了踪影。

下面，让我们来做几个“心灵的图像”的创作练习。

创造“苹果图像”。在创作之前，你先想想苹果的品种，然后想到苹果是红色、绿色还是黄色，再想一下这颗苹果的味道是偏甜还是偏酸。

创造一幅“百合花图像”。我们不要只满足于想象出一幅百合花的平面图片，而是要练习立体地去想象这朵百合花，是白色还是粉色，是含苞待放还是娇艳盛开。

创造一幅“羊肉图像”。看到这个词，你想到了什么样的羊肉呢？是烤全羊，是血淋淋的肉片，还是放在盘子里半生不熟的羊排？

创作一幅“出租车图像”。你想象一下出租车是崭新的德国奔驰、老旧的捷达，还是一阵黑烟（出租车已经开走了）？车牌是什么呢？出租车上有人吗？乘客是学生还是白领？

这些注重细节的图像都能强化记忆库的存盘，大家可以在平时多做这样的练习，来加强对记忆的管理。

要学会抽象概念借用法

如果提到光，光应该是什么样的图像呢？这时候我们需要发挥联想的功能，并且借用适当的图像来达到目的。光可以是阳光、月光，也可以是由手电筒、日光灯、灯塔等反射出来的……美味的饮料可以是现榨的新鲜果蔬汁，也可以是香醇可口的卡布奇诺，还可以是酸酸甜甜的优酪乳……法律可以借用警察、法官、监狱、法槌等。

时常做做“白日梦”

当我们的身体和精神在放松的时候，更有利于右脑对图像的创造，因为只有身心放松时，右脑才有能量创造特殊的图像。当我们无聊或空闲的时候，不妨多做做白日梦。我们在全身放松的状态下所做的白日梦，都是有图像的，那是我们用想象来创造的很清晰的图像。因此应该相信自己有这个能力，不要给自己设限。

通过感官强化图像

即我们熟知的五种重要的感官——视觉、听觉、触觉、嗅觉、味觉。

另外，夸张或幽默也是我们加强记忆的好方法。如果我们想到猫，可以想到名贵的波斯猫，想到它玩耍的样子。如果再给这只可爱的猫咪加点夸张或幽默的色彩呢？比如，可以把猫想象成日本卡通片中的机器猫，或者把猫想象成黑猫警长，猫会跟人讲话，猫会跳舞等。这些夸张或者幽默的元素都会让记忆变得生动逼真！

总之，图像具有非常强的记忆协助功能，右脑的图像思维能力是惊人的，调动右脑思维的积极性是科学思维的关键所在。

当然，目前发挥右脑记忆功能的最好工具便是思维导图，因为它集合了图像、绘画、语言文字等众多功能于一身，具有不可替代的优势。

被称作天才的爱因斯坦也感慨地说：“当我思考问题时，不是用语言进行思考，而是用活动的跳跃的形象进行思考。当这种思考完成之后，我要花很大力气把它们转化成语言。”

国际著名右脑开发专家七田真教授曾说过：“左脑记忆是一种‘劣质记忆’，不管记住什么很快就忘记了，右脑记忆则让人惊叹，它有‘过目不忘’的本事。左脑与右脑的记忆力简直就是1:100万，可惜的是一般人只会用左脑记忆！”

我们也可以这样认为，很多所谓的天才，往往更善于锻炼自己的左右脑，而不是单独左脑或者右脑；每个人都应有意识地开发右脑的形象思维和创新思维能力，提高记忆力。

第六节
思维导图里的词汇记忆法

思维导图更有利于我们对词汇的理解和记忆。

不论是汉语词汇还是外语词汇，我们都需要大量地使用它们。我们很多人面临的一个普遍问题是，怎样才能更好更快地记住更多的词汇。

对词汇本身来说，它具有很大的力量，甚至可以称作魔力。法国军事家拿破仑曾说：“我们用词语来统治人民。”

在这里，我们以英语词汇为例，帮助学习者利用思维导图更高效快捷地学习。

思维导图帮助我们学习生词

我们在英语词汇学习中，往往会遇到大量多义词和同音异义词。尽管我们会记住单词的某一个意思，可是当同样的单词出现在另一个语言场合中时，对我们来说就很有可能又会成为一个新的单词。

面对多义词学习，我们可以借助思维导图，试着画出一个相对清晰的图来，以帮助我们更方便地学习。例如，“buy”（购买）这个单词，可以作为及物动词和不及物动词来使用，还可以作为名词来使用。

所以，将其当作不同的词性使用时，它就具有不同的意思和搭配用法。据此，我们可以画出“buy”的思维导图，帮助我们归纳出其在字典中所获信息的方式，进而用一种更加灵活的方式来学习单词。

如果我们把“buy”的学习和用法用思维导图的形式表示出来，不仅可以节省我们学习单词的时间，提高学习效率，更会大大促进学习的能动性，提高学习兴趣。

思维导图与词缀词根

词缀法是派生新英语单词的最有效的方法，词缀法就是在英语词根的基础上添加词缀的方法。比如“-er”可表示“人”，这类词可以生成的新单词，比如，driver 司机、teacher 教师、labourer 劳动者、runner 跑步者、skier 滑雪者、swimmer 游泳者、passenger 旅客、traveller 旅游者、learner 学习者 / 初学者、lover 爱好者、worker 工人等等。所以，要扩大英语的词汇量，就必须掌握英语常用词缀及词根的意思。

思维导图可以借助相同的词缀和词根进行分类，用分支的形式表示出来，并进行发散、扩展，从而帮助我们记忆更多的词汇。

思维导图和语义场帮助我们学习词汇

语义场也是一种分类方法，研究发现，英语词汇并不是一系列独立的个体，而是都有着各自所归属的领域或范围的，他们因共同拥有某种共同的特征而被组建成一个语义场。

我们根据词汇之间的关系，可以把单词之间的关系划分为反义词、同义词和上下义词。上义词通常是表示类别的词，含义广泛，包含两个或更多有具体含义的下义词。下义词除了具有上义词的类别属性外，还包含其他具体的意义。如：chicken — rooster，hen，chick; animal — sheep，chicken，dog，horse。这些关系同样可以用思维导图表现出来，从而使学习者能更加清楚地掌握它们。

思维导图还可以帮助我们辨析同义词和近义词

在英语单词学习中，词汇量的大小会直接影响学习者听说读写等其他能力的培养与提高。尽管如此，已被广泛使用的可以高效快速地记忆单词词汇的方法并不是很多。本节提出利用思维导图记忆单词的方法，希望对学习词汇者能有所帮助。毫无疑问，一个人对积极词汇量掌握的多少，有着至关重要的作用。然而，学习积极词汇的难点就在于它们之中有很多词不仅形近，而且在用法上也很相似，很容易使学习者混淆。

如果我们考虑用思维导图的方式，可以进行详细的比较，在思维导图上画出这些单词的思维导图，不仅可以提高学生的记忆能力，对其组织能力及创造能力也有很大帮助。可以说，词汇的学习有很大的技巧，也有可以凭借的工具，其中最有效的记忆工具便是思维导图。

图中人们正在召开商务会议。关于人们怎样加工语言和现代技术对语言理解的影响是什么，都有很多不同的心理学理论。我们能够理解语言的一个重要方面是因为我们以前拥有有关语言运行方式和正在谈论话题的知识。

第七节

不想遗忘，就重复记忆

很多学生都会有这样的烦恼，已经记住了的外语单词、语文课文，数理化的定理、公式等，隔了一段时间后，就会遗忘很多。怎么办呢？解决这个问题的主要方法就是要及时复习。德国哲学家狄慈根说，重复是学习之母。

及时复习才能记得更好

复习是指通过大脑的机械反应使人能够回想起自己一点也不感兴趣的、没有产生任何联想的内容。艾宾浩斯的遗忘规律曲线告诉我们：记忆无意义的内容时，一开始的 20 分钟内，遗忘 42%；1 天后，遗忘 66%；2 天后，遗忘 73%；6 天后，遗忘 75%；31 天后，遗忘 79%。古希腊哲学家亚里士多德曾说："时间是主要的破坏者。"

我们的记忆随着时间的推移逐渐消失，最简单的挽救方法就是重习，或叫作重复。我国著名科学家茅以升在 83 岁高龄时仍能熟记圆周率小数点以后 100 位的准确数值，有人问过他，记忆如此之好的秘诀是什么，茅先生只回答了七个字"重复、重复再重复"。可见，天才并不是天赋异禀，正如孟子所说："人皆可以为尧舜。"佛家有云："一阐提人亦得成佛。"只要勤学苦练，就是可以成为了不起的人的。

重复记忆也要讲究方法

虽然重复能有效增进记忆，但重复也应当讲究方法。

一般，要在重复第三遍之前停顿一下，这是因为凡在脑子中停留时间超过 20 秒钟的东西才能从瞬间记忆转化为短时记忆，从而得到巩固并保持较长的时间。当然，这时的信息仍需要通过复习来加强。

复习的时间应有科学性

那么，每次间隔多久复习一次是最科学的呢？

一般来讲，间隔时间应在不使信息遗忘的范围内尽可能长些。例如，在你学习某一材料后一周内的复习应为五次。而这五次不要平均地排在五天中。信息遗忘率最大的时候是：早期信息在记忆中保持的时间越长，被遗忘的危险就越小。所以在复习时的初期间隔要小一点，然后逐渐延长。

我们可以比较一下集合法和间隔法记忆的效果。

如要记住一篇文章的要点，你又应怎样记呢？

你可以先用“集合法”，即把它读几遍直至能背下来，记住你所耗费的时间。在完成了用“集合法”记忆之后，我们看看用“间隔法”的情况。这回换成另一段文章的要点：看一遍之后目光从题上移开约 10 秒钟，再看第二遍，并试着回想它。

如果你不能准确地回忆起来，就再将目光移开几秒钟，然后再读第三遍。这样继续，直至可以无误地回忆起这几个词，然后写出所用时间。

两种记忆方法相比较，第一种记忆方式虽然比第二种方法快些，但其记忆效果可能并不如第二种方法。许多实验也都显示出间隔记忆比集合记忆有更多的优点。

心理学家根据阅读的次数，研究了记忆一篇课文的速度：如果连续将一篇课文看五遍和每隔五分钟看一遍课文，连看六遍，两者相比较，后者记住的内容多得多。

心理学家为了找到能产生最好效果的间隔时间，做过许多实验，已证明理想的阅读间隔时间是10分钟至16小时不等，根据记忆的内容而定。10分钟以内，非一遍记忆效果并不太好，超过16小时，一部分内容已被忘却。

间隔学习中的停顿时间应能让科学的东西刚好记下。这样，在回忆印象的帮助下，你可以在成功记忆的台阶上再向前迈进一步。

记忆力测试

阅读下面的短文，并准确记住其内容。

安娜小时候，父母经常因她获得的成绩鼓励她。后来，她不再依赖父母的奖励，而是不断地自己奖励。大学毕业后，安娜所在的单位资不抵债，宣布破产了。有很长的一段时间，她因为胆小，怕面试时用人单位对自己说“NO”而待在家里。有一天，安娜对自己说，如果今天我去两家公司应聘，回家时就给自己买下那条心仪已久的长裙。她做到了，记得当时她是用向母亲借的钱来完成对自己的承诺的。一星期后，她居然同时收到那两家单位的用人通知。

请回答下面的问题。

1. 文中提到的女孩叫什么？　2. 她开始所在的单位因什么破产？

____

____

3. 她失业后立即去别家面试了吗？ 4. 她以什么为目标鼓励自己的？

____

____

当你需要通过浏览的方式进行记忆时，如要记一些姓名、数字、单词等，采用间隔记忆的效果就不错。假设你要记住 18 个单词，你就应看一下这些单词。在之后的几分钟里，自己也要每隔半分钟左右就默念一次这些单词。

这样，你会发现记这些单词并不太困难。第二天再看一遍，这时，你对这些单词就可以说完全记住了。

在复习时，你可以采用限时复习训练方法

这种复习方法要求在一定时间内规定自己回忆一定量材料的内容。例如，一分钟内回答出一个历史问题等。这种训练分三个步骤：

第一步，整理好材料内容，尽量归结为几点，使回忆时有序可循。整理后计算回忆大致所需的时间；

第二步，按规定时间以默诵或朗诵的方式回忆；

第三步，用更短的时间，以只在大脑中思维的方式回忆。

在训练时要注意两点

首先，开始时不宜把时间卡得太紧，但也不可太松。太紧则多次不能按时完成回忆任务，就会产生畏难的情绪，失去信心；太松则达不到训练的目的。训练的同时还必须迫使自己注意力集中，若注意力分散将会直接影响反应速度，要不断暗示自己。

其次，当训练中出现不能在额定时间内完成任务的情况时，不要紧张，更不要在烦恼的情况下赌气反复练下去，那样会越练越糟。应适当地休息一会儿，想一些美好的事，等自己心情好了再练。

总之，学习要勤于复习，记忆和理解的效果才会更好，遗忘的速度也会变慢。

第八节

思维是记忆的向导

思考是一种思维过程，也是一切智力活动的基础，是动脑筋及深刻理解的过程。而积极思考是记忆的前提，深刻理解是记忆的最佳手段。

在识记的时候，思维会帮助所记忆的信息快速地安顿在“记忆仓库”中的相应位置，与原有的知识结构进行有机结合。在回忆的时候，思维又会帮助我们从“记忆仓库”中查找，以尽快地回想起来。思维对记忆的向导作用主要表现在以下几点：

概念与记忆

概念是客观事物的一般属性或本质属性的反映，它是人类思维的主要形式，也是思维活动的结果。概念是用词来标志的。人的词

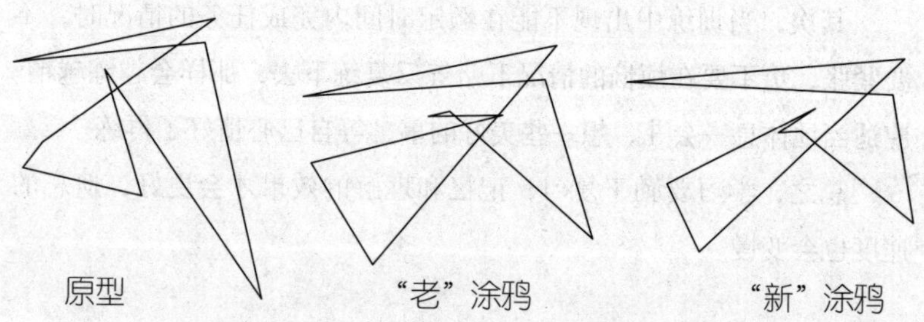

霍马和他的同事基于不同的原型设计了不同类别的涂鸦。被试者学会了怎样将“老”涂鸦和正确的原型类别联系起来。之后，他们又将被试者以前没见过的“新”涂鸦出示给被试者看。被试者只是很好地对“老”涂鸦进行了分类。这是因为“老”涂鸦已经融入了被试者的心理词典中，而“新”涂鸦还没融入。

语记忆就是以概念为主的记忆，学习就要掌握科学的概念。概念具有代表性，这样就使人的记忆可以有系统性。如“花”的概念包括了各种花，我们在记忆菊花、茶花、牡丹花等的材料时，就可以归入花的要领中一并记住。从这个角度讲，概念可以使人举一反三，灵活记忆。

理解与记忆

理解属于思维活动的范围，它既是思维活动的过程、思维活动的方法，又是思维活动的结果。同时，理解还是有效记忆的方法。理解了的事物会扎扎实实地记在大脑里。

思维方法与记忆

思维的方法很多，这些方法都与记忆有关，有些本身就是记忆的方法。思维的逻辑方法有科学抽象、比较与分类、分析与综合、归纳与演绎及数学方法等；思维的非逻辑方法有潜意识、直觉、灵感、想象和形象思维等。多种思维方法的运用使我们容易记住大量的信息，并获得系统的知识。

此外，思维的程序也与记忆有关。思维的程序表现为发现问题、试作回答、提出假设和进行验证。

那么，我们该怎样来积极地进行思维活动呢？

多思

多思指思维的频率。复杂的事物，思考无法一次完成。古人说：“三思而后行”，我们完全可以针对学习记忆来个“三思而后行，三思而后记”。反复思考，一次比一次想得深，一次有一次的新见解，不停止于一次思考，不满足于一时之功。在多次重复思考中参透知识，把道理弄明白，事无不记。

苦思

苦思是指思维的精神状态。思考，往往是一种艰苦的脑力劳动，要有执着、顽强的精神。《中庸》中说，学习时要慎重地思考，不能因思考得不到结果就停止。这表明，古人有非深思透顶达到预期目标不可的意志和决心。据说，黑格尔就有这种苦思冥想的精神。有一次，他为思考一个问题，竟站在雨里一个昼夜。苦思的要求就是不做思想的怠惰者，经常运转自己的思维机器，并能战胜思维过程中所遇到的艰难困苦。

精思

精思指思维的质量。思考的时候，只粗略地想一下，或大概地考量一番，是不行的。朱熹很讲究“精思”，他说：“继以精思，使其意皆若出于吾之心。”换一种说法，精思就是要融会贯通，使书的道理如同我讲出去的道理一般。思不精怎么办？朱熹说：“义不精，细思可精。”细思，就是细致周密、全面地思考，克服想不到、想不细、想不深的毛病，以便在思维中多出精品。

巧思

巧思指思维的科学态度。我们提倡的思考，既不是漫无边际地胡思乱想，也不是钻牛角尖，它是以思维科学和思维逻辑作为指南的一种思考。即科学的思考，我们不仅要肯思考，勤于思考，而且要善于思考，在思考时要恰到好处地运用分析与综合、抽象与概括、比较与分类等思维方式，使自己的思考不绕远路，卓越而有成效。

要发展自己的记忆能力，提高自己的记忆速度，就必须相应地去发展思维能力。只有经过积极思考去认识事物，才能快速地记住事物，把知识变成对自己真正有用的东西。

第六章

对症下药，各科记忆有良方

第一节

外语知识记忆法

采用适当的记忆法提升学英语的兴趣

很多人在学习英语的过程中遇到的最多问题就是记不住单词。这在很大程度上影响了对英语的学习兴趣，英语成绩自然上不去。

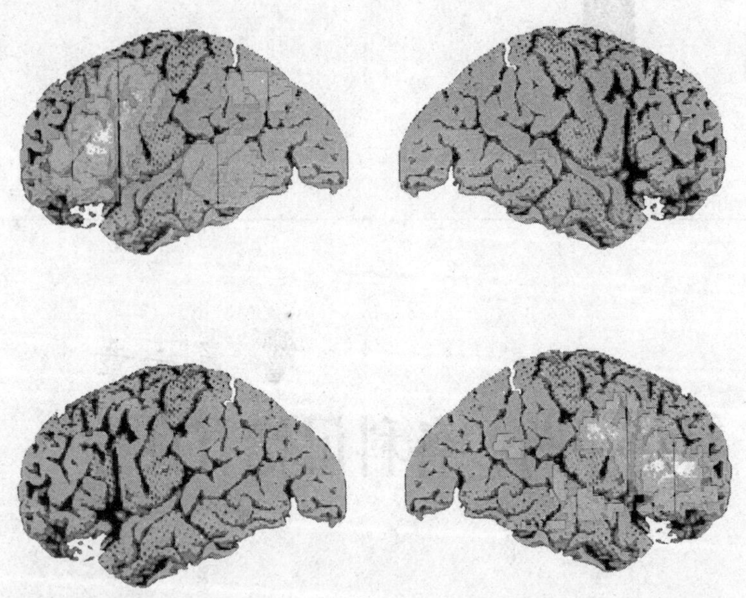

此图为词汇识别时大脑兴奋区域扫描图。惯用右手的人兴奋区域在顶部，惯用左手的人兴奋区域在底部。被监测者正在思考他们听到的（英语单词）名词的动词形式。大脑兴奋以脑血液流量来表示，血流量多则显示为红色，血流量少则显示为黄色。

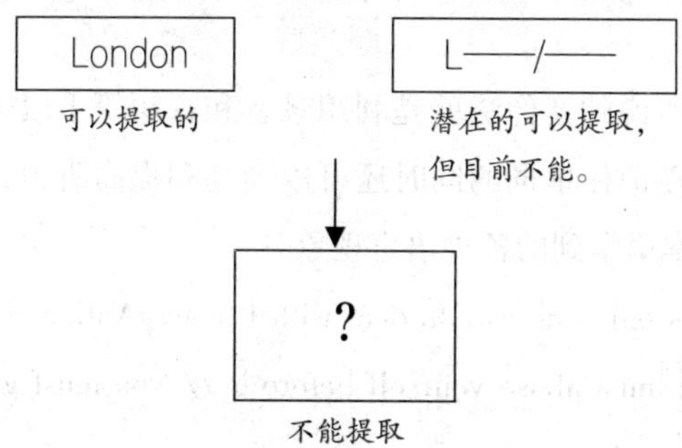

当存储的信息不能提取时，“舌尖现象”就出现了。如：“英国的首都是哪儿？”答案可能知道，潜意识中知道，或者根本不知道。

一些人认为背单词是件既吃力，又没有成效的苦差事。实际上，若采用适当的方法，不但能够记住大量单词，还能提高对英语的兴趣。下面我们来简单介绍几种单词记忆的方法，这些方法你可以用思维导图的形式总结生来：

1. 谐音法

利用英语单词发音的谐音进行记忆是一个很好的方法。由于英语是拼音文字，看到一个单词可以很容易地猜到它的发音；听到一个单词的发音也可以很容易地想到它的拼写。所以，如果谐音法使用得当，是最有效的记忆方法，可以真正做到过目不忘。

如英语里的 2 和 to，4 和 for。quaff n./v. 痛饮，畅饮。记法：quaff 音“夸父”→夸父追日，渴极痛饮。hyphen n. 连字号“–”。记法：hyphen 音“还分”→还分着呢，快用连字号连起来吧。shudder n./v. 发抖，战栗。记法：音“吓得”→吓得发抖。

不过，像其他方法一样，谐音法只适用于一部分单词，切忌滥用和牵强。将谐音用于记忆英文单词并加以系统化是一个尝试。本书在前面已经讲过：谐音法的要点在于由谐音产生的词或词组（短语）必须和词语的词义之间存在一种平滑的联系。这种方法用于英语的单词记忆同样也要遵循这个要点。

2. 音像法

我们这里所说的音像法就是利用录音和音频等手段进行记忆的方法。该方法在记住单词的同时还可以训练和提高听力，印证以前在课堂上或书本里学到的各种语言现象等。

例：There's only one way to deal with Rome，Antinanase. you mus tserve her，you must abase yourself before her，you must grovel at her feet，you must love her.

3. 分类法

把单词简单地分成食品、花卉等，中等的难度可分成政治、经济、外交、文化、教育、旅游、环保等类，难一些的分类是科技、国防、医疗卫生、人权和生物化学等。这些分类是根据你运用的难度决定的。古人云“举一纲而万目张”，就是有了记忆线索，那么就有了记忆的保证。

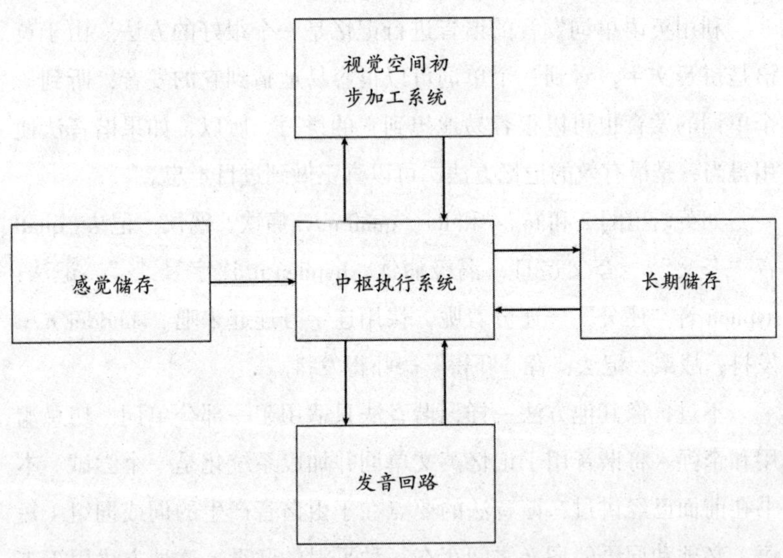

巴德利的工作记忆模型认为，工作记忆包括三个组成部分：储存发音信息的发音回路、负责储存图像的视觉空间初步加工系统，以及控制注意和策略的中枢执行系统。

借助心理成像法学习词汇

心理成像和其他记忆技巧一样，可以帮助学习外语词汇。这一方法在20世纪60年代很流行，后来的研究也都证实了其效力，它还可以用来记忆母语的拼写。这种方法如被很好地应用，能帮助我们在短时间内记忆大量词汇或句子。然而，在长期记忆中，这种方法并不比其他方法更优越，所以后来被语言实验室取代了——它能保证更好的效果。

传统课本和阅读一直是运用最广泛（因为被证明最有效）的学习形式，扮演着补充其他方法的角色。

简单的举例，比如大学一、二、三、四年级学生分别是freshman、sophomore、junior、senior，本科生是undergraduate，研究生postgraduate，博士doctor，大学生college graduate，大专生polytechnic college graduate，中专生secondary school graduate，小学毕业生elementary school graduate，夜校night school，电大television university，函授correspondence course，短训班short-termclass，速成班crash course，补习班remedial class，扫盲班literacy class，这么背下来，是不是简单了很多？而且有了比较和分类，自然就有了记忆线索。

4. 听说读写结合法

听说读写结合记忆的依据是我们前面讲到的多种感官结合记忆法。我们可以把所有要背的资料通过电脑录制到自己的MP3里，根据原文可以录中文，也可以录英文，发音尽量标准。放录音的时候，一定要手写下来，具体做法是：

第一次听写放一个句子，要求每个句子、每个单词都写下来；以后的第二、第三次听写要求听一句话，只记主谓宾和数字等（口译笔记的初步），每听一段原文，暂停写下自己的笔记，然后自己根据笔记翻译出来；以后几次只要听就可以了，放更长的句子，只根据记忆口述翻译就可以了。这个锻炼很有意思，能把你以前的学习实战化，而且能发现自己发音不准确的地方，能听到自己的声音，知道自己是否有这样那样的问题有待解决。

学英语，记单词，应该走出几个误区：

（1）过于依赖某一种记忆方法。

现在书店里的那些词汇书都在强调自己方法的好处，包治所有单词。其实这都是片面的，有的单词用词根词缀记忆好用，有的看单词的外观，然后发挥你的形象思维就记下了，有的单词通过把读音汉化就过目不忘。所以，千万不要迷信某一种记忆方法。

（2）急功近利。

不要奢望一个月内背下一本词汇书。也有同学背了三天，最多坚持一个星期就没信心了。强烈的挫折感打败了你。接下来就没有动静了。所以要循序渐进，哪怕一天背两个单词，坚持下去就很可观。

（3）把背单词当作痛苦。

有些人背单词前要刻意选择舒适的环境，这里不能背，那里不能背。一边背单词，一边考虑中午吃点什么补充脑力。其实，你的担心是多余的。背单词是挑战大脑极限的乐事，要学会享受它才对。

（4）一页一页地背。

有些同学觉得这页单词没背下，就不再往前翻。其实这样做效率非常低，遗忘率也高，挫折感强，见效也慢。

背单词就是重复记忆的过程，错开了时间去记忆单词，可能会多看几个单词，然后以一个长的时间周期去重复，这样达到了重复记忆的目的，减少了大脑的厌倦。

第二节
人文知识记忆法

语文是基础学科

语文是青少年必修的基础学科。语文学习的一个重要环节就是记忆。中学阶段是人的记忆发展的黄金时代，如果在学习语文的过程中，青少年能够结合自身的年龄特点，抓住记忆规律，按照科学的记忆方法，必然会取得更好的学习效果。

下面简单介绍几种记忆语文知识的方法：

1. 画面记忆法

背诵古诗时，我们可以先认真揣摩诗歌的意境，将它幻化成一幅形象鲜明的画面，就能将作品的内容深刻地贮存在脑中。例如，读李白的《望庐山瀑布》时，可以根据诗意幻想出如下画面：山上云雾缭绕，太阳照耀下的庐山香炉峰好似冒着紫色的云烟，远处的瀑布从上飞流而下，水花四溅，犹如天上的银河从天上落下来。记住了这个壮观的画面，再细细体会，也就相当深刻地记住了这首诗。

2. 联想记忆法

这是按所要记忆内容的内在联系和某些特点进行分类和联结记忆的一种方法。

举一个简单的例子。如：若想记住文学作品和作者的名字，我们可以做这样的联想：

有一天，莫泊桑拾到一串《项链》，巴尔扎克认为是《守财奴》

的，都德说是自己在突出《柏林之围》时丢失的，果戈理说是《泼留希金》的，契诃夫则认定是《装在套子里的人》的。最后，大家去请高尔基裁决。高尔基判定说，你们说的这些失主都是男的，而男人是不用这东西的，所以，真正的失主是《母亲》。这样一编排，就把高中课本中的大部分外国小说名及其作者联系在一起了，复习时就如同欣赏一组轻快流畅的世界名曲联想一样，于轻松愉悦中不知不觉就牢记了下来。

3. 口诀记忆法

汉字结构部件中的“臣”在常用汉字中出现的只有“颐”“姬”“熙”三个。有人便把它们编成两句绕口令：“颐和园演蔡文姬，熙熙攘攘真拥挤。”只要背出这个绕口令，不仅不会混淆这些带“臣”的字，而且其余带“臣”的汉字也不会误写。如历代的文学体裁及成就若归纳成如下几句，就有助于在我们头脑中形成清晰易记的纵向思路。西周春秋传《诗经》，战国散文两不同；楚辞汉赋先后现，《史记》《乐府》汉高峰；魏晋咏史盛五言，南北民歌有“双星”；唐诗宋词元杂剧，小说成就数明清。

4. 对比记忆

汉字中有些字形体相似，读音相近，容易混淆，因此有必要加以归纳，通过对比来辨别和记忆。为了增强记忆效果，可将联想记忆法和口诀记忆法也掺入其中。实为对比、归纳、谐音、联想、口

做间歇回顾

每小时、每天、每周或每月做回顾，通过不间断的学习，信息会被牢记。花越多时间去记忆概念或技巧，记忆就变得越牢固。古代谚语“熟能生巧”说明在学习过程中反应、正确的身体需要频繁地回顾建构你对事物的规范认识。

诀五法并用。

（1）巳（sì）满，已（yǐ）半，己（jǐ）张口。其中巳与4同音，已与1谐音，己与几同音，顺序为满、半、张对应4、1、几。

（2）用火烧（shāo），用水浇（jiāo），绕（rào），用手挠（náo）；靠人是侥（jiǎo）幸，食足才富饶（ráo），日出为拂晓（xiǎo），女子更妖娆（ráo）。

（3）用手拾掇（duō），用丝点缀（zhuì），辍（chuò）学开车，啜（chuò）泣噘嘴。

（4）输赢（yíng）贝当钱，蜾蠃（luǒ）虫相关，羸（léi）弱羊肉补，嬴（yíng）姓母系传。

（5）乱言遭贬谪（zhé），嘀（dí）咕用口说，子女为嫡（dí）系，鸣镝（dí）金属做。

（6）中念衷（zhōng），口念哀（āi），中字倒下念作衰（shuāi）。

（7）言午许（xǔ），木午杵（chǔ），有心人，读作忤（仵）（wǔ）。

（8）横戌（xū）点戍（shù）无点戊（wù），戎（róng）字交叉要记住。

（9）用心去追悼（dào），手拿容易掉（diào），棹（zhào）桨划木船，私名为绰（chuò）号。

（10）点撇仔细辨（biàn），争辩（biàn）靠语言，花瓣（bàn）结黄瓜，青丝扎小辫（biàn）儿。

5. 荒谬记忆法

比如在背诵《夜宿山寺》这首诗时，大部分同学要花五分钟才能把它背出来，可有一位同学只花了一分钟就背出来了，而且丝毫不差。这是什么原因呢？是不是这位同学聪明过人呢？

在同学们疑惑时，他说出了背诵的窍门：这首诗有四句话，只

记忆力测试

下面的成语，前一个成语的最后一个字，是它后面那个成语的第一个字，这在修辞上叫“顶真”。请在它们之间的空白处填上一个字，使每组成语连接起来。

今是昨（　）同小（　）望不可（　）以其人之道，还治其人之（　）体力（　）若无其（　）在人（　）所欲（　）富不（　）至义（　）心竭（　）不胜（　）重道（　）走高（　）沙走（　）破天（　）天动（　）利人（　）睦相（　）心积虑醉生梦（　）去活（　）去自（　）花似（　）树临（　）调雨（　）手牵（　）肠小（　）听途（　）长道（　）兵相（　）二连（　）言两（　）重心（　）驱直（　）不敷（　）其不（　）气风（　）扬光（　）材小（　）兵如（　）采飞（　）眉吐（　）象万（　）军万（　）到成（　）败垂（　）千上（　）古长（　）红皂（　）日作（　）寐以（　）同存（　）想天（　）天辟地

要记住两个词:“高手”“高人”，并产生这样的联想：住在山寺上的人是一位“高手”，当然又是一位“高人”。背诵时，由每个词再想想每句诗，连起来就马上背诵出来了。看来，这位同学已经学会用奇特联想法来记忆了。

运用奇特联想法记忆古诗的例子很多，如:《古风》:“春种一粒粟，秋收万颗子。四海无闲田，农夫犹饿死。”——“粟子甜（田）死了。”

语文有时需要背诵大段大段的文字。背诵时，应先了解全段文字的大意，再把全段文字按意思分成若干相对独立的层。每层选出一些中心词来，用这些中心词联结周围一定量的句子。回忆时，用中心词把句子带出来，达到快速记忆的效果。如背诵鲁迅散文诗

《雪》中的一段：

“但是，朔方的雪花在纷飞之后，却永远如粉，如沙，他们决不粘连，撒在屋上，地上，枯草上，就是这样。屋上的雪是早已就有消化了的，因为屋里居人的火的温热。别的，在晴天之下，旋风忽来，便蓬勃地奋飞，在日光中灿灿地生光，如包藏火焰的大雾，旋转而且升腾，弥漫太空，使太空旋转而且升腾地闪烁。”

我们把诗文分为三层，并提出三个中心词：

（1）如粉。大脑浮现北方的纷飞大雪撒在屋上、地上、枯草上的图像。因为如粉，所以决不粘连。

（2）屋上。使我们想到屋内人生火、屋顶雪融化的图像。

（3）晴天旋风。想象一个壮观的场面：晴空下，旋风卷起雪花，旋转的雪花反射着阳光，在日光中灿灿地生光。

这样从中心词引起想象，再根据想象进行推理，背这一段就感到容易了。

意大利一所大学的教授做过这样的实验：挑选一位技艺中等的青年学生，让他每星期接受 3 ~ 5 天，每天一小时地背诵由 3 个数字、4 个数组构成的数字训练。

每次训练前，如果他能一字不差地背诵前次所记的训练内容，就让他再增加一组数字。经过 20 个月约 230 个小时的训练，他起初能熟记 7 个数，以后增加到 80 个互不相关的数，而且在每次联系实际时还能记住 80% 的新数字，使得他的记忆力能与具有特殊记忆力的专家媲美。

第三节

数学知识记忆法

要学好数学应建立在理解的基础上

学习数学重在理解，但一些基本的知识还是要能记住，用时才能忆起。所以，记忆是学生掌握数学知识、深化和运用数学知识的必要过程。因此，如何克服遗忘，以最科学省力的方法记忆数学知识，对开发学生智力、培养学生能力，有着重要的意义。

理解是记忆的前提和基础。尤其是数学，下面介绍几种在理解的前提下行之有效的记忆方法。学好数学，要注重逻辑性训练，掌握正确的数学思维方法。在这里，主要有以下几种思维方法：

比较归类法

这种方法要求我们对于相互关联的概念，学会从不同的角度进行比较，找出它们之间的相同点和不同点。例如，平行四边形、长方形、正方形、梯形，它们都是四边形，但又各有特点。在做习题的过程中，还可以将习题分类归档，总结出解这类问题的方法和规律，从而使得练习可以少量而高效。

举一反三法

平时注重课本中的例题，例题反映了对于知识掌握最主要、最基本的要求。对例题分析和解答后，应注意发挥例题以点带面的功能，有意识地在例题的基础上进一步变化，可以尝试从条件不变问题变和问题不变条件变两个角度来变换例题，以达到举一反三的目的。

一题多解法

每一道数学题都可以尝试运用多种解题方法，在平时做题的过程中，不应仅满足于掌握一种方法，应该多思考，找出一道题更多的解答方法。一题多解有助于培养我们沿着不同的途径去思考问题的好习惯，由此可产生多种解题思路，同时，通过“一题多解”，我们还能找出新颖独特的“最佳解法”。除此之外，还可以进行：

口诀记忆法

将数学知识编成押韵的顺口溜，既生动形象，又印象深刻不易遗忘。如圆的辅助线画法：“圆的辅助线，规律记中间；弦与弦心距，亲密紧相连；两圆相切，公切线；两圆相交，公交弦；遇切点，做半径，圆与圆，心相连；遇直径，做直角，直角相对（共弦）点共圆。”又如“线段和角”一章可编成：

四个性质五种角，还有余角和补角；

两点距离一点中，角平分线不放松；

幼儿学习微积分

一个日本教育者开发了一个课程，包括数学、自然、科学、拼写、语法和英语，所有这些科目都是建立在广泛使用记忆术策略的基础上。例如，故事、歌谣、歌曲。他希望利用开发成果来说明幼儿能够用分数进行数学运算，能够解决代数问题（包括运用二次方程式），能够得出化学式，进行简单的微积分运算，能够用图表表示出分子式结构，学习外语。他的一些关于基础数学计算的记忆术已经在美国被采用了。一项研究表明，三年级的儿童使用这种记忆术策略，在三小时内学会了用分数进行数学运算。不仅如此，他们的掌握程度（在三小时之内达到的）可以与按照传统方法已经学习这个科目三年的六年级学生的掌握程度相比等。

两种比较与度量，角的换算不能忘；

角的概念两种分，三线特征顺着跟。

其中四个性质是直线基本性质、线段公理、补角性质和余角性质；五种角指平角、周角、直角、锐角和钝角；两点距离一点中，指两点间的距离和线段的中点；两种比较是线段和角的比较，三线是指直线、射线、线段。

联想记忆法

联想是感受到的新事物与记忆中的事物联系起来，形成一种新的暂时的联系，主要有接近联想、对比联想、相似联想等。特别是对某些无意义的材料，通过人为的联想、用有意义的材料作为记忆的线索，效果十分明显。如用“山间一寺一壶酒……”来记忆圆周率“3.14159……”等。

分类记忆法

把一章或某一部分相关的数学知识经过归纳总结后，把同一类知识归在一起，就容易记住，如：“二次根式”一章就可归纳成三类，即“四个概念、四个性质、四种运算”。其中四个概念指二次根式、最简二次根式、同类二次根式、分母有理化；四种运算是二次根式的加、减、乘、除运算。

第四节
化学知识记忆法

对知识的充分理解才能学好化学

和数学一样，要牢牢记住化学知识，就必须建立在对化学知识理解的基础上。在理解的基础上，我们可以尝试以下几种方法：

1. 简化记忆法

化学需要记忆的内容多而复杂，同学们在处理时易东扯西拉，记不全面。克服它的有效方法是：先进行基本的理解，通过几个关键的字或词组成一句话，或分几个要点，或列表来简化记忆。这是记忆化学实验主要步骤的有效方法。如：用六个字组成："一点、二通、三加热"，这一句话概括了氢气还原氧化铜的关键步骤及注意事项，大大简化了记忆量。在研究氧气化学性质时，同学们可把所有现象综合起来分析、归纳，得出如下记忆要点：

（1）燃烧是否有火；

（2）燃烧的产物如何确定；

（3）所有燃烧实验均放热。

抓住这几点就大大简化了记忆量。氧气、氢气的实验室制法，同学们第一次接触，新奇但很陌生，不易掌握，可分如下几个步骤简化记忆：

（1）原理（用什么药品制取该气体）；

（2）装置；

（3）收集方法；

（4）如何鉴别。

如此记忆，既简单明了，又对以后学习其他气体制取有帮助。

2. 趣味记忆法

为了分散难点，提高兴趣，要采用趣味记忆方法来记忆有关的化学知识。如：氢气还原氧化铜实验操作要诀：“氢气早出晚归，酒精灯迟到早退。前者颠倒要爆炸，后者颠倒要氧化。”

把需要记忆的化学知识用音韵编成，融知识性与趣味性于一体，读起来朗朗上口，易记易诵。如从细口瓶中向试管中倾倒液体的操作歌诀：“掌向标签三指握，两口相对视线落。”“三指握”是指持试管时用拇指、食指、中指握紧试管；“视线落”是指倾倒液体时要观察试管内的液体量，以防倾倒过多。

3. 编顺口溜记忆

初中化学中有不少知识容量大、记忆难、又常用，但很适合用编顺口溜的方法来记忆。

运用积极的想象力

将抽象的信息视觉化为具体的印象是许多记忆术的基础。运用到想象力的一种方法是将你想要记住的事物在脑海中“快照”下来：聚焦，成像，然后说：“这东西值得一记。”另一种记忆工具是视觉化能帮助你放松的事实和期望的东西。放松警觉的状态最有利于学习。印象化可以改变体内化学成分，并更好地控制身体 / 大脑。请允许你活跃的想象力任意创造乐趣、幽默、荒谬和虚幻。这些印象将会强而有力。再将它们色彩化、三维化、动感化、动作化、现实化或虚拟化。想象力只属于你自己，将它组织好，是你将来学习恢复记忆的有力手段。

如：学习化合价与化学式的联系时可记为“一排顺序二标价、绝对价数来交叉，偶然角码要约简，写好式子要检查。”再如刚开始学元素符号时可这样记忆：碳、氢、氧、氮、氯、硫、磷；钾、钙、钠、镁、铝、铁、锌；溴、碘、锰、钡、铜、硅、银；氦、氖、氩、氟、铂和金。记忆化合价也是同学们比较伤脑筋的问题，也可编这样的顺口溜：钾、钠、银、氢＋1价；钙、镁、钡、锌＋2价；氧、硫－2价；铝＋3价。这样，主要元素的化合价就记清楚了。

4. 归类记忆

对所学知识进行系统分类，抓住特征。如：记各种酸的性质时，首先归类，记住酸的通性，加上常见的几种酸的特点，就能知道酸的化学性质了。

5. 对比记忆

对新旧知识中具有相似性和对立性的有关知识进行比较，找出异同点。

6. 联想记忆

把性质相同、相近、相反的事物特征进行比较，记住他们之间

有趣味的东西才能引起人们的兴趣，从而激发学习动机。因此，在学习化学的过程中，应该把一些枯燥无味，难于记忆的知识尽可能趣味化，这样可以帮助高效记忆。

的区别联系，再回忆时，只要想到一个，便可联想到其他。如：记酸、碱、盐的溶解性规律，不要孤立地记忆，要扩大联想。

一些化学实验或概念可以用联想的方法进行记忆。在学习化学过程中应抓住问题特征，如记忆氢气、碳、一氧化碳还原氧化铜的实验过程可用实验联想，对比联想，再如将单质与化合物两个概念放在一起来记忆："由同（不同）种元素组成的纯净物叫作单质（化合物）。"

7. 关键字词记忆

这是记忆概念的有效方法之一，在理解基础上找出概念中几个关键字或词来记忆整个概念，如：能改变其他物质的化学反应速度（一变）而本身的质量和化学性质在化学反应前后都不变（二不变）这一催化剂的内涵，可用"一变二不变"几个关键字来记忆。

8. 形象记忆法

借助于形象生动的比喻，把那些难记的概念形象化，直观形象地去记忆。如核外电子的排布规律是："能量低的电子通常在离核较近的地方出现的机会多，能量高的电子通常在离核较远的地方出现的机会多。"这个问题是比较抽象的，不是一下子就可以理解的。

9. 总结记忆

将化学中应记忆的基础知识总结出来，写在笔记本上，使得自己的记忆目标明确、条理清楚，便于及时复习。

记住首尾记忆原则

要特别留意学习过程的中间阶段，因为大脑更倾向于记忆事情的开头和结尾。在简单实验中，这一自然倾向性是显而易见的。自己试一试。给朋友一个有20个化学名称的表单，让他去记尽可能多的词。当你随后提问时，留意忘却的词，看有多少是处在表单的中间位置。

第五节

历史知识记忆法

对历史知识的记忆其实没有那么难

很多同学会对历史课产生浓厚的兴趣，因为它的内容纵贯古今、横揽中外，涉及经济、政治、军事、文化和科学技术等各个领域的发展和演变。但也由于历史内容繁杂，时间跨距大，记起来有一定困难。所以，很多人都有一种“爱上课，怕考试”的心理。这里介绍几种记忆历史知识的方法，帮助青少年克服这种困难，较快地掌握历史知识。

1. 归类记忆法

采取归类记忆法记忆历史，使知识条理化、系统化，不仅便于记忆，而且还能培养自己的归纳能力。这种方法一般用于历史总复习，效果最好。

我们可以按以下几种线索进行归类：

（1）按不同时间的同类事件归纳。

比如：我国古代八项著名的水利工程、近代前期西方列强连续发动的五次大规模侵华战争、20 世纪 30 年代日本侵略中国制造的五次事变、新航路开辟过程中的四次重大远航、二战中同盟国首脑召开的四次国际会议等。

（2）把同一时间的不同事件进行归纳。

如：1927 年，上海工人第三次武装起义、“四一二”反革命政变、李大钊被害、“马日事变”“七一五”反革命政变、“宁汉合流”、南昌起义、“八七”会议、秋收起义、井冈山革命根据地的建立、广州起义。

归类记忆法既有利于牢固记忆历史基础知识，又有利于加深理解历史发展的全貌和实质。

2. 比较记忆法

历史上有很多经常发生的性质相同的事件，如农民战争、政治改革、不平等条约等。这些事件有很多相似的地方，在记忆的时候，中学生很容易把它们互相混淆。这时候，采取比较记忆是最好的方法。

比较可以明显地揭示出历史事件彼此之间的相同点和不同点，突出它们各自的特征，便于记忆。但是，比较不能简单草率，要从各个方面、各个角度去细心进行，尤其是要注意搜求“同”中之“异”和“异”中之“同”。

如：中国的抗日战争期间，国共两党的抗战路线比较。郑和下西洋与新航路的开辟的比较。德、意统一的相同与不同的比较。对两次世界大战的起因、性质、规模、影响等进行比较，中国与西欧资本主义萌芽的对比。中国近代三次革命高潮的异同，等等。

用比较法记忆历史知识，既能牢固记忆，又能加深理解，一举两得。

3. 歌谣记忆法

一些历史基础知识适合用歌谣记忆法记忆。例：记忆中国工农红军长征路线：“湘江、乌江到遵义，四渡赤水抛追敌，金沙彝区大渡河，雪山草地到吴起。”中国朝代歌：“夏商西周继，春秋战国承；秦汉后新汉，三国西东晋；对峙南北朝，隋唐大一统；五代和十国，辽宋并夏金；元明清三朝，统一疆土定。”

应当注意的是，编写的歌谣，形式必须简短齐整，内容必须准

给大脑休息的时间

为了功能最佳化，大脑需要休息时间以巩固记忆。如果你不给大脑规律的休息，尽管你仍然可以学习，但不会有成效。休息时间的数量、长短取决于信息的复杂性和新奇性，以及个人以前对信息掌握的多寡。一个很好的规律是，每学习 10 ~ 50 分钟，休息 3 ~ 10 分钟。

确全面，语言力求生动活泼。

4. 图表记忆法

图表记忆法的特点是借助图表加强记忆的直观效果，调动视觉功能去启发想象力，达到增强记忆的目的。

秦、唐、元、明、清的疆域四至，可画直角坐标系。又如隋朝大运河图示，太平天国革命运动过程图示，中国工农红军长征过程图示，等等。

5. 巧用数字记忆法

历史年代久远，几乎每年都有不同的大事发生。如果要对历史有一个全面的了解，就必须记住年代。但历史年代本身枯燥乏味，难于记忆。有些历史年代，如封建社会起止年代，只能死记硬背。但也有些历史年代，可以采用一些好的方法。

（1）抓住年代本身的特征记忆。

比如，蒙古灭金，1234 年，四个数字按自然数顺序排列。马克思诞生，1818 年，两个 18。

（2）抓重大事件间隔距离记忆。

比如：第一次国内革命战争失败，1927 年；抗日战争爆发，1937 年；中国人民解放军转入反攻，1947 年。三者相隔都是 10 年。

（3）抓重大历史事件的因果关系记年代。

比如：1917年十月革命，革命制止战争，1918年第一次世界大战结束；巴黎和会拒绝中国的正义要求，成为1919年“五四”运动的导火线；“五四”运动把新文化运动推向新阶段，传播马克思主义成为主流，1920年共产主义小组出现；马克思主义同工人运动相结合，1921年中国共产党诞生。

（4）概括为一二三四五六来记。

比如：隋朝的大运河的主要知识点：一条贯通南北的交通大动脉；用了二百万人开凿，全长两千多公里；三点，中心点是洛阳、东北到涿郡、东南到余杭；四段是永济渠、通济渠、邗沟和江南河；连接五条河：海河、黄河、淮河、长江和钱塘江；经六省：冀、鲁、豫、皖、苏、浙。

（5）分时间段记忆。

比如：“二战”后民族解放运动，分为三个时期，第一时期时间为1945年至20世纪50年代中，第二时期为20世纪50年代中至20世纪60年代末，第三时期为20世纪70年代初至现在。将其概括为三个数，即10、15、20多；因是“二战”后民族解放运动，记住“二战”结束于1945年，那么按10、15、20多三个数字一排，就可牢固记住每个时期的时间了。

6. 规律记忆法

历史发展有其规律性。揭示历史发展的规律，能帮助记忆。例

发展敏锐的感官意识

许多记忆力好的人或熟知记忆技巧的人都有了不起的感知能力。训练你自己的精确观察能力，并通过调整你的感觉来集中你的注意力。漫无目的地看或听而不是真正仔细地看或听是造成记忆力不好的主要原因。当你想要记住某事，停顿一会儿，调整一下，并注意你要回忆哪些要点。

如，重大历史事件，我们都可以从背景、经过、结果、影响等方面进行分析比较，找出规律。如：资产阶级革命爆发的原因虽然很多，但其根源无非是腐朽的封建政权严重地阻碍了资本主义的发展。

在学习过程中，我们可以寻找具有规律性的东西，如：在资产阶级革命过程中，英国、法国、美国三国资产阶级革命爆发的原因都是：反动的政治统治阻碍了国内资本主义的发展，要发展资本主义，就必须起来推翻反动的政治统治。而三国的革命，又都有导火线、爆发标志、主要领导人、文件的颁布等。在发展资本主义的方式上，俄国和日本都是通过自上而下的改革来完成的，意大利和德意志则是通过完成国家统一来进行的。

7. 荒谬记忆法

想法越奇特，记忆越深刻。如：民主革命思想家陈天华有两部著作《猛回头》《警世钟》，记法为一边想“一个叫陈天华的人猛回头撞响了警世钟，一边做转头动作，同时发出钟声响。”军阀割据时，曹锟、段祺瑞控制的地盘及其支持者可联想为“曹锟靠在一棵日本梨（直隶）树（江苏）上，饿（鄂——湖北）得快干（赣——江西）了。段祺瑞端着一大碗（皖——安徽）卤（鲁——山东）面（闽——福建），这（浙江）也全靠日本撑着呀！”

当然，记忆的方法多种多样，还有直观形象记忆法、联系实际记忆法、分解记忆法、重复记忆法、推理记忆法、信号记忆法、卡片记忆等。在实际学习中，要根据自己的实际情况，选择适合自己的记忆方法。只要大家掌握了其中的一种甚至几种方法，掌握历史知识就不再是可望而不可即的事了。

第六节

物理知识记忆法

学好物理有妙招

物理记忆主要以理解为主，在理解的基础上，我们在这里简单介绍几种物理记忆方法。

1. 观察记忆法

物理是一门实验科学，物理实验具有生动直观的特点，通过物理实验可加深对物理概念的理解和记忆。例如，观察水的沸腾。

（1）观察水沸腾发生的部位和剧烈程度可以看到，沸腾时水中发生剧烈的汽化现象，形成大量的气泡，气泡上升、变大，到水面破裂开来，里面的水蒸气散发到空气中，就是说，沸腾是在液体内部和表面同时进行的剧烈的汽化现象。

（2）对比观察沸腾前后物理现象的区别。沸腾前，液体内部形成气泡并在上升过程中逐渐变小，以至未到液面就消失了；沸腾时，气泡在上升过程中逐渐变大，达到液面破裂。

（3）通过对数据定量分析，可以得出沸腾条件：①沸腾只在一定的温度下发生，液体沸腾时的温度叫沸点；②液体沸腾需要吸热。以上两个条件缺少任何一个条件，液体就不会沸腾。

2. 比较记忆法

把不同的物理概念、物理规律，特别是容易混淆的物理知识进行对比分析，并把握它们的异同点，从而进行记忆的方法，叫作比较记忆法。例如，对蒸发和沸腾两个概念可以从发生部位、温度条件、剧烈程度、液化温度变化等方面进行对比记忆。又如，串联电路和并联电路，可以从电路图、特点、规律等方面进行记忆。

3. 图示记忆法

物理知识并不是孤立的，而是有着必然的联系，用一些线段或有箭头的线段把物理概念、规律联系起来，建立知识间的联系点，这样形成的方框图具有简单、明了、形象的特点，可帮助我们对知识的理解和记忆。

4. 浓缩记忆法

把一些物理概念、物理规律，根据其含义浓缩成简单的几个字，编成一个短语进行记忆。例如，记光的反射定律时，把涉及的点、线、面、角的物理名词编成一点（入射点）、三线（反射光线、入射光线、法线）、一面（反射光线、入射光线、法线在同一平面内）、二角（反射角、入射角）短语来加深记忆。

记凸透镜成像规律时，可用“一焦分虚实，二焦分大小”“物近、像远、像变大”短语来记忆。即当凸透镜成实像时，像与物是朝同方向移动的。当物体从很远处逐渐靠近凸透镜的一倍焦距时，另一侧的实像也由一倍焦距逐渐远离凸透镜到大于二倍焦距以外，且像距越大，像也越大，反之亦然。

5. 口诀记忆法

如：力的图示法口诀。

你要表示力，办法很简单。选好比例尺，再画一段线，长短表大小，箭头示方向，注意线尾巴，放在作用点。

物体受力分析：

施力不画画受力，重力弹力先分析，摩擦力方向要分清，多、漏、错、假须鉴别。

牛顿定律的适用步骤：

组织你的思考

接受身体言语信息或提供逻辑框架会使记忆变得容易。如果你想记住所有南美洲本土的哺乳动物，举例来说，依颜色、栖息地、大小、名称字母开头或食物链为次序，提供及时参考点组织信息，能使大脑更易管理信息。

画简图、定对象、明过程、分析力；选坐标、作投影、取分量、列方程；求结果、验单位、代数据、做答案。

6. 三多法

所谓“三多”，是指“多理解，多练习，多总结”。多理解就是紧紧抓住课前预习和课上听讲，要认真听懂；多练习，就是课后多做习题，真正掌握；多总结，就是在考试后归纳分析自己的错误、弱项，以便日后克服，真正弄清自己的优势和弱点，从而明白日后听课时应多理解什么地方，课下应多练习什么题目，形成良性循环。

7. 实验记忆法

下面介绍一些行之有效的物理实验复习法：

（1）通过现场操作复习。

把实验仪器放在实验桌上，根据实验原理、目的、要求进行现场操作。

（2）通过信息反馈复习。

就那些在实验过程中发生、发现的问题进行共同讨论，及时纠错，达到复习巩固物理概念的目的。

（3）通过联系复习。

在复习某一个实验时，可以把与之相关的其他实验联系起来复习。

第七节 地理知识记忆法

会看图才能学好地理

几种行之有效的看图方法是很多学习高手总结出来的学习经验，对学习地理帮助很大，具体论述如下：

形象记忆法

仔细观察中国地图，湖南就像一个人头像；山东就相当于一只鸡腿；黑龙江好像一只美丽的天鹅站在东北角上；青海省的轮廓则像一只兔子，西宁就好似它的眼睛。

把图片用生动的比喻联系起来就很容易记忆了。

地理知识的形象记忆是相对于语义记忆而言的，是指学生通过阅读地图和各类地理图表、观察地理模型和标本、参加地理实地考察和实验等途径所获得的地理形象的记忆。如学习“经线”和“纬线”这两个概念，学生观察经纬仪后，便能在头脑中形成经纬仪的表象，当需要时，头脑中的经纬仪表象便能浮现在眼前，以至将

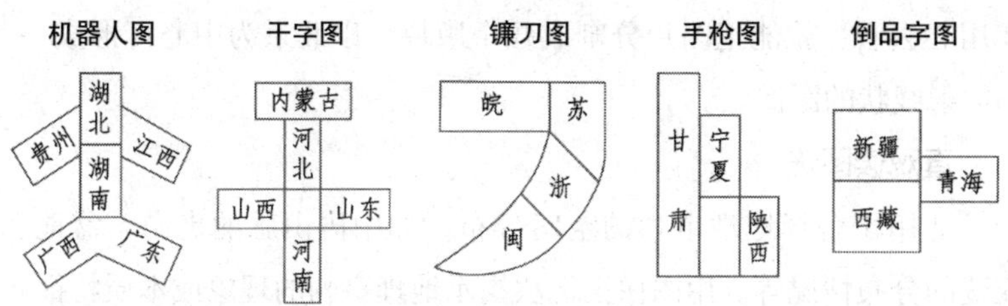

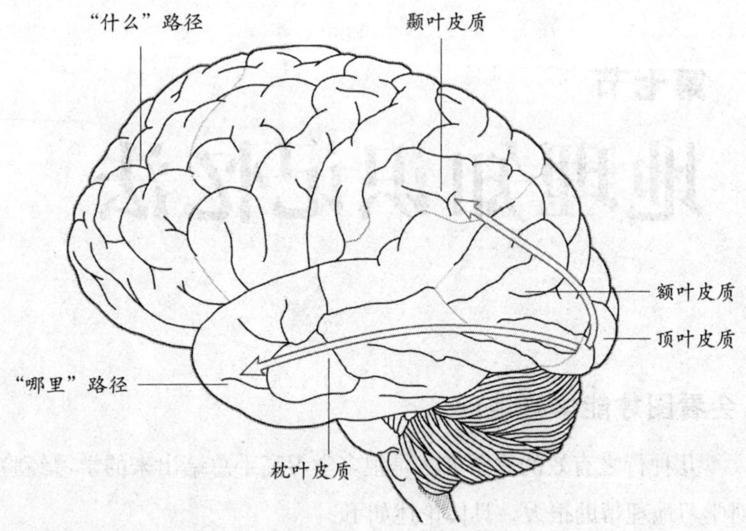

大脑中“什么”和“哪里”的路径帮助我们理解我们所看到的。“什么”的路径是从枕叶开始到颞皮质，帮助我们确定我们所看到的。“哪里”的路径是从枕叶皮质到顶叶的皮质，帮助我们定位我们看到的。

“经线”和“纬线”的概念正确地表述出来，这就是形象记忆。由于地理事物具有鲜明、生动的形象性，所以形象记忆是地理记忆的重要方法之一。尤其当形象记忆与语义记忆有机结合时，记忆效果将成倍增加。

下面有一些更加形象的例子，可以帮助你记忆它们：

简化记忆法

简化记忆法实际上就是将课本上比较复杂的图片加以简化的一种方法。比如，中国的铁路分布线路图看起来特别复杂，其实只要你用心去看，就能把图片分割成几个版块，以北京为中心可形成一个放射线状的图像。

直观读图法

适用于解释地理事物的空间分布，如中国山脉的走向，盆地、丘陵的分布情况等。用图像记忆法揭示地理事物的现象或本质特征，可以激发跳跃式思维，加快记忆。这种方法多用于记忆地理事物的分布规律、地名、各种地理事物的特点及它们之间的相互影响等知识。

例如，我国煤炭资源分布，主要有山西、内蒙古、陕西、河南、山东、河北等，省区名称多，很难记。可以用图像记忆法读图，在图上找到山西省，明确山西省是我国煤炭资源最丰富的省，再结合我国煤炭资源分布图，找出分布规律——它们以山西省为中心，按逆时针方向旋转一周，即可记住这些省区的名称，山西以北是内蒙古、以西是陕西，以南是河南，以东是山东和河北。接着，在图上掌握我国煤炭资源还分布在安徽和江苏省北部，以及边远省区的新疆、贵州、云南、黑龙江。

纵向联系法

学习地理也和其他知识一样，有一个循序渐进、由浅入深的过程。如中国气候特点之一的“气候复杂多样”，就联系“中国地形图”“中国干湿地区分布”以及“中国温度带的划分”等图形，然后才能得出自己的结论。同时，在此基础上又可以联系学习世界气候类型及其分布，这样你就把有关气候的章节系统地复习了，以后碰到这方面的考题，你就可以游刃有余了。

除此之外，还有几种值得学生尝试的记忆方法：

口诀记忆法

例 1：地球特点：赤道略略鼓，两极稍稍扁。自西向东转，时间始变迁。南北为纬线，相对成等圈。东西为经线，独成平行圈；赤道为最长，两极化为点。

例 2：气温分布规律：气温分布有差异，低纬高来高纬低；陆地海洋不一样，夏陆温高海温低，地势高低也影响，每千米相差 6℃。

分解记忆法

分解记忆法就是把繁杂的地理事物进行分类，分解成不同的部分，便于逐个“歼灭”的一种记忆方法。如要记住人口超过一亿的十个国家：中国、印度、美国、印度尼西亚、巴西、俄罗斯、日本、孟加拉国、尼日利亚和巴基斯坦，单纯死记硬背很难记住，且容易忘记。采用分解记忆法较易掌握，即在熟读这十个国家的基础上分洲分区来记：掌握北美、南美、欧洲、非洲有一个，分别是美国、巴西、俄罗斯、尼日利亚。其余六个国家是亚洲的。亚洲的又可分为三个地区，属东亚的是中国、日本；属东南亚的有印度尼西亚；属南亚的有印度、孟加拉国、巴基斯坦。

表格记忆法

就是把内容容易混淆的相关地理知识，通过列表进行对比从而加深理解记忆的一种方法。它用精炼醒目的文字，把冗长的文字叙述简化，使条理清晰，能对比掌握有关地理知识。例如，世界三次工业技术革命，可通过列表比较它们的年代，主要标志、主要工业部门和主要工业中心，重点突出，一目了然。这种方法有利于提高学生的概括能力，开拓学生的求异思维，强化应变能力，提高理解记忆。

归纳记忆法

就是通过对地理知识的分类和整理，把知识联系在一起，形成知识结构，以便记忆的方法。它使分散的趋于集中、零碎的组成系统、杂乱无章的变得有条不紊。例如，要记住我国的土地资源、生物资源、矿产资源的特点，可归纳它们的共同之处是类型多样，分布不均；再记住它们不同的特点，就可以把土地资源、生物资源和矿产资源的特点全掌握了。

第八节 时政知识记忆法

巧用记忆方法学习政治

政治记忆的方法有很多种，这里简单介绍几种方法：

1. 谚语记忆法

谚语记忆法就是运用民间的谚语说明一个道理的记忆方法。

采用这种记忆方法的好处是：

（1）可激发自己的学习兴趣，促进学习的积极性，变厌学为爱学，变被动学习为主动学习；

（2）可拓宽自己的思路，提高自己思维的灵活性；

（3）能培养自己一种好的学习习惯，通过刻苦钻研，从而在自己学习的过程中解决一个个难题。

采用这种记忆法应注意以下几点：

（1）谚语与原理联系要自然，千万不能生造谚语，勉强凑合；

（2）谚语所说明的原理要注意准确性，千万不能乱搭配，不然就会谬种流传；

（3）谚语应是所熟悉的，这样才能便于自己的记忆。

例如，“无风不起浪”“城门失火，殃及池鱼”……说明事物之间是相互联系的，是唯物辩证法的联系观点。

如“山外青山楼外楼，前进路上无尽头”“刻舟求剑”等这些都说明了事物是处于不停地运动、发展中的，运动是绝对的，静止是相对的，这是唯物辩证法发展的观点。

2. 自问自答法

自己当教师提问、自己又作为学生对所提问题进行回答的方法，称为“自问自答法”。

在学习过程中，对一些最基本的问题就可以用“自问自答法”进行。例如：

问：商品的两个基本属性是什么？

答：是使用价值和价值。

问：货币的本质是什么？它的两个基本职能是什么？

答：货币的本质是一般等价物。价值尺度、流通手段是它的两个基本职能。

自问自答法不仅可以用于基本概念和基本原理的学习中，一些较复杂的知识的学习也可用此法进行，而且效果也很好。

比较复杂的学习内容，经过自问自答，就会条理清晰，便于记忆和理解。所以，“自问自答法”是一种比较常用的理想的记忆方法。

3. 举一反三法

在学习过程中，对某个问题进行重复学习以达到记忆的目的的方法称为举一反三法。

“举一反三”的记忆方法并不是说对同一问题简单重复 2 ~ 4 次，而是指对同一类问题从不同的角度，反复进行学习、练习、讨论，这样才能使我们较牢固地掌握知识，思维也较开阔，才能学得活、学得好、记得牢。

如对商品这一概念的理解，我们运用“举一反三法”，真正掌握了任何商品都是劳动产品，但只有用于交换的劳动产品才是商品；商品的价值是凝结在商品中无差异的人类劳动，如一件衣服能和三斤大米交换，是因为它们的价值是相等的。千差万别的商品之所以能够交换，是因为它们都有价值，有价值的物品一定有使用价值……如此从多种角度反复进行，就能牢固地掌握商品的基本概念及与它相关的一些因素，使我们真正获得知识，吸取精华。

4. 理清层次法

要善于把所学习的基本概念和原理进行分析，找出每一个层次的主要意思，这样就便于我们熟记了。

例如，我们学习“法律”这一基本概念，用“理清层次法”就较为科学。这个概念，我们可以分解成这么几个部分：

（1）它是反映统治阶级的意志，维护统治阶级的根本利益的（法律不维护被统治阶级的利益）；

（2）由国家制定或认可的（没有这一点，就不能称其为法律）；

（3）用国家强制力的特殊的行为规则（国家通过法庭、监狱、军队来保证执行）。采用这种理清层次的方法，不仅便于熟记这一概念，而且也不易忘记。

5. 规律记忆法

这种学习方法就是要我们在学习中，注意找到事物的规律，以帮助我们牢记。在基本原理的熟记中，这种学习方法可谓是最佳方法。

例如，我们根据对立统一规律就能熟记：内因和外因、主要矛盾和次要矛盾、矛盾的主要方面和次要方面、矛盾的特殊性和普遍性、量变和质变、新事物和旧事物等，都会在一定的条件下互相转化。

“规律记忆法”能以最少的时间熟记最多的知识。

在政治课的学习中，如果能把上面介绍的五种学习方法融会贯通、交替使用，无疑对提高学习效果是有积极意义的。

图书在版编目（CIP）数据

超级记忆术 / 陈玢主编 . -- 北京 : 北京联合出版公司 , 2017.6
（2022.6 重印）
ISBN 978-7-5596-0056-1

Ⅰ . ①超… Ⅱ . ①陈… Ⅲ . ①记忆术 Ⅳ . ① B842.3

中国版本图书馆 CIP 数据核字 (2017) 第 067965 号

超级记忆术

主　　编：陈　玢
责任编辑：牛炜征
封面设计：冬　凡
文字编辑：赵宏波
美术编辑：何东宁

北京联合出版公司出版
（北京市西城区德外大街83号楼9层　100088）
三河市万龙印装有限公司印刷　新华书店经销
字数249千字　880mm × 1230mm　1/32　10印张
2017年6月第1版　2022年6月第9次印刷
ISBN 978-7-5596-0056-1
定价：38.00元

本书若有质量问题，请与本公司图书销售中心联系调换。
电话：010-62707370　010-88893001